柴山元彦
井上ミノル

こどもが探せる

川原や海辺のきれいな石の図鑑

創元社

はじめに

川原や海辺に出かけてみましょう。そこにはいろいろなかたちや色の石がころがっていると思います。でも、その石ころや砂利の中に、じつはガーネットやサファイアなどの、とてもきれいな鉱物がかくれているのを知っていますか？

みがく前の鉱物は、アクセサリーに使われるようなキラキラした宝石とはふんいきがちがいます。それでも、自分で探してきれいな石を見つけたときには、どんな宝石よりもすばらしい宝物を見つけたような気もちになれます。

この本は、身近な川原や海辺で見つかるきれいな鉱物と、その採集地を紹介する図鑑です。私が2015年と2017年に出した『ひとりで探せる川原や海辺のきれいな石の図鑑』シリーズを、こども向けに新たに編集しなおしたもので、いろいろな鉱物の特徴はもちろん、鉱物がどんなふうにできているのか、鉱物をどうやって見分けるのかなどを、小学校低学年にもわかるよう、写真やマンガをたくさん使って、わかりやすく説明しています。

川原や海辺の鉱物は、たいてい、岩の中にふくまれていて、ほかの図鑑にのっているような、見つけやすい見た目ではありません。で

すからこの本では、みなさんが自分で探すときにも役立つように、私がじっさいに全国の川原や海辺へ出かけて見つけた石の写真をそのまま使っています。

また、じっさいに川で石探しをするときのようすや、むずかしくなりがちな鉱物の種類やなりたちの説明は、イラストレーターの井上ミノルさんに、マンガやイラストでえがいてもらいました。そのため、みなさんにも、やさしく楽しく、鉱物や石探しのことを学んでもらえると思います。

3章では、私が出かけた川原や海辺のうち、駅からちかかったり、川原が広いなど、こどもでも比較的石探しをしやすいスポットをえらんで紹介しています。ただし、かならずおとなの人といっしょに出かけ、安全に気をつけて石を探してくださいね。

4章には、自分で見つけた鉱物をみがいたり、保管するときの方法や、写真をとって自分だけの図鑑をつくる方法をのせました。

みなさんもぜひ、この本をもって石探しに出かけ、自分だけの宝物を見つけてください。

柴山元彦

目次

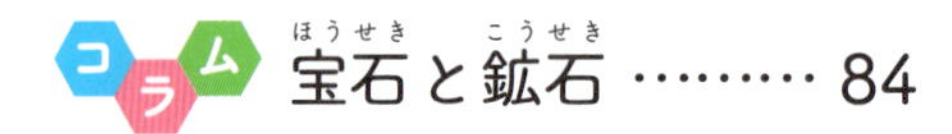

凡例

◆ 掲載した写真は、著者が開催した鉱物探しイベント、あるいは個人的な鉱物探し旅行の際に現地等で撮影したものです。

◆ 鉱物・石の大きさおよび採集地は、写真のキャプションに示しました。なお、石・鉱物の大きさは、特に記載がない限り、当該の石・鉱物の最大径の長さです。また、「石の大きさ」は母岩全体の最大径を、「左右」は写真に写っている範囲の左右の長さを示します。

◆ 3章における各採集地を示す地図は、「電子地形図タイル」（国土地理院：http://maps.gsi.go.jp/）などをもとに著者が作成しました。縮尺はめやすです。

◆ 本文には、原則として小学1年生以上で学ぶおもな漢字の、各項目の初出にふりがなを振りました。ただし、一部のキャプションや、3章のアクセス情報等のふりがなは割愛しました。

◆ 本書の内容は2018年6月時点のものです。紹介している施設等の情報は変更になることがありますので、かならず事前にお調べください。

鉱物図鑑

どんな石が見つかるの？

1 私たちのまわりにある宝石

その中には
水晶
黒雲母
もあるね
えー!!
てか どちら様？
きみたち
よく
見つけたね
水晶って
宝石じゃないの？
そんなものが
どうしてここに？
川から公園に
はこばれてきた
砂利にまじって
たんだね
石にくわしい
柴山先生
TVで見たことあるん！
もともと日本は
「石の標本箱」とよばれている
くらい、たくさんの種類の
石があるんだよ
こどもも探せる
きれいな石を
いくつか紹介しよう
へー!!

ガーネット

ざくろ石

つぶの大きさ 2-3mm（室生川・奈良県）

【硬度】 7 【比重】3.4-4.3

【 色 】くらい赤、赤、くらい茶、ピンク、みどり色など

【光沢】ガラス光沢

ガーネットをふくむ石は意外におおくあります。マグマが固まってできる火成岩（安山岩や流紋岩、花こう岩など）や変成岩（片麻岩、結晶片岩など）のほかに、砂岩などの堆積岩（→ 88-89 ページ）の中にふくまれています。あるいは川の砂の中にたまっていることもあります。

ガーネットにはいろいろな種類があり、大きくきれいな色のものは宝石になります。１月の誕生石でもあります。

ガーネットのなかまには、つぎのような種類があります。

アルマンディン（鉄礬ざくろ石）…くらい赤色、鉄とアルミニウムをふくむ
パイロープ（苦礬ざくろ石）…赤色、マグネシウムとアルミニウムをふくむ
スペッサルティン（満礬ざくろ石）…くらい茶色、マンガンとアルミニウムをふくむ
アンドラダイト（灰鉄ざくろ石）…赤茶～黄みどり色、カルシウムと鉄をふくむ
グロッスラー（灰礬ざくろ石）…透明～くらい茶色。カルシウムとアルミニウムをふくむ

赤いつぶがガーネット（アルマンディン）。左右8cm（宇陀川・奈良県）

赤いところがガーネット（アルマンディン）。左右7cm（阿武隈川・福島県）

黄みどり色のところがアンドラダイト。左右5cm（本郷川・岡山県）

オレンジ色のところがアルマンディン。左右10cm（関川・愛媛県）

サファイア

コランダム

サファイア。つぶの大きさ1-3mm（竹田川・奈良県）

【硬度】9　【比重】4
【 色 】灰～青色
【光沢】ガラス光沢

サファイアはコランダムという鉱物のうち、色が赤以外のものをいいます。コランダムはダイヤモンドのつぎに硬い鉱物で、チタンをふくむと青く、クロムをふくむと赤くなります。

日本でもいくつかの場所で見つかるものの、宝石になるような大きく透明感のあるものはほぼ出てきません。

奈良県・竹田川では、川砂をパンニング（→104ページ）すると、うつくしい青色のガラス質のサファイアが見つかります。大きさは数mmくらいしかありませんが、色のうつくしさはほかの場所に負けないでしょう。

六角板状（ろっかくばんじょう）のサファイア。大きさ2mm（竹田川・奈良県）

パンニングすると、ガーネットやサファイアなどの重（おも）い鉱物がのこる

パンニングでのこったガーネットやサファイア。大きさそれぞれ1mm

カンボジアの川砂から見つけたサファイア（まん中）とルビー（そのほか）

ルビー

コランダム

川砂利からあつめたルビー。大きいもので 6mm（パイリン・カンボジア）

【硬度】9 【比重】4
【 色 】赤〜くらい赤色
【光沢】ガラス光沢

コランダムのうち、きれいな赤い色のものはルビーとよばれ、宝石としてあつかわれます。サファイア（→ 14 ページ）とおなじく、日本でもコランダムは見つかりますが、ルビーとして宝石になるような大きさ、うつくしさのものはほぼ見つかりません。カンボジアやミャンマーでは、川の砂利の中からルビーをひろい出すことができます。

まん中の赤いつぶがルビー。つぶの大きさ 4mm
（カンボジア）

カンボジアの川の砂利から見つかったルビー。
まん中はサファイア

川砂からあつめたルビー。大きいもので 6mm
（パイリン・カンボジア）

飛び出したほんのりと赤いところがコランダム。
石の大きさ 4cm（宮崎海岸・富山県）

カンボジアの川でのルビー
探（さが）しのようす

砂金

ゴールド

川砂からパンニングしてのこった砂金（金色のつぶ）と磁鉄鉱（じてっこう／くろいつぶ）。砂金は大きいもので 3mm（犀川・石川県）

【硬度】2.5 【比重】19

【 色 】金色

【光沢】金属光沢

日本は、昔からおおくの場所で砂金がとれます。川の砂に砂金が見つかることも少なくありません。

砂金は比重が 19 もあり、ほかの砂つぶとはくらべものにならないほど重いため、パンニング（→ 104ページ）すると上の写真のように最後にのこります。色はあざやかなヤマブキ色をしているため、すぐにわかります。

大きいつぶで 1mm
（苫前海岸・北海道）

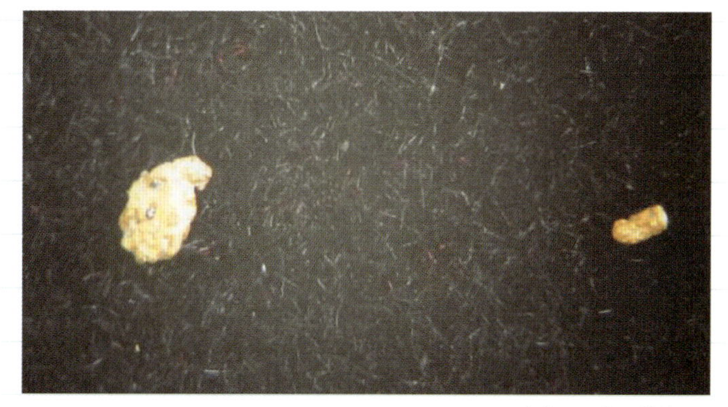

大きいつぶで約 3mm
（足羽川・福井県）

大きいつぶで約 2mm
（加古川・兵庫県）

ヒスイ
ジェイド

うすいみどり色が入ったヒスイ。石の大きさ 3cm（宮崎海岸・富山県）

【硬度】6-7 【比重】3.3-3.4
【 色 】白、うすいみどり、うすいむらさき色など
【光沢】ガラス光沢

古代からまが玉などの道具に加工されて使われてきたヒスイは、日本の「国の石」とされています。硬度は7ですが、こまかい結晶がからまりあってできているので、ダイヤモンドより割れにくいといわれています。色は白色ですが、ほかの鉱物がまじってうすみどり色や青色、むらさき色がところどころに見られたり、光が透ける石がこのまれます。

大きさ 3cm（姫川・新潟県）

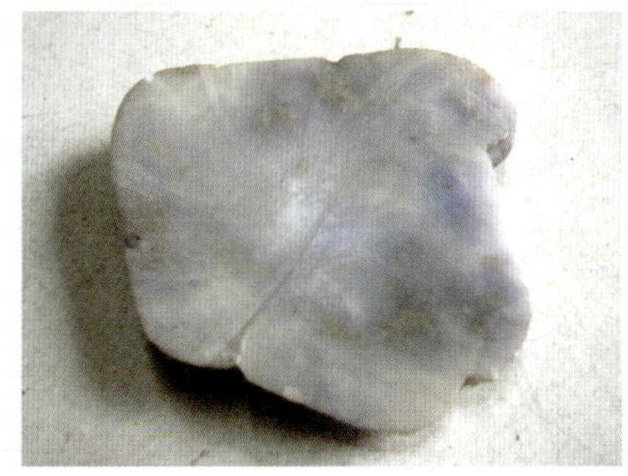

大きさ 2cm（宮崎海岸・富山県）

大きさ 4cm
（青海海岸・新潟県）

約30cm もある大きなヒスイ。いまは割れてしまった状態（じょうたい）で、フォッサマグナミュージアムに展示（てんじ）されている（新潟県糸魚川市）

水晶

ロッククリスタル

石英のまん中のくぼみに紫（むらさき）水晶が見られる。石の大きさ 6cm（円山川・兵庫県）

【硬度】7　【比重】2.7
【 色 】透明、白、むらさき、灰～くろ色
【光沢】ガラス光沢

水晶と石英（→24ページ）はおなじ化学成分（二酸化ケイ素）でできていて、そのうち結晶のかたちをしているものを水晶とよびます。水晶はおおくの場合、石英のくぼみやあなに、六角形の柱のかたちで成長しています。

左右 11cm（荒川・秋田県）

石の大きさ 8cm（居辺川・北海道）

左右 10cm（安倍川・静岡県）

こまかな水晶のあつまり。左右 6cm（駒走浜・鹿児島県）

透明なものが水晶。大きさ 6mm。くろいつぶは磁鉄鉱（じてっこう）（阿武隈川・福島県）

大きさ 8cm（往古川・三重県）

石英（せきえい）

クォーツ

石英のかたまり。大きさ8cm（加古川・兵庫県）

【硬度】7　【比重】2.7
【 色 】透明、白、むらさき色
【光沢】ガラス光沢

石英は水晶（→22ページ）とおなじ成分でできていますが、水晶のような結晶の平面が見られません。色はほとんどの場合、白色で不透明ですが、わずかに透けているものもあります。岩石の中に脈のように列をなして入っていたり、ペグマタイトという結晶のかたまりのところにあります。

また、石英と鉄の板をこすりあわせると火花をはなちます。

金をふくむ石英の脈。大きさ 12cm
（駒走浜・鹿児島県）

やや透けている石英。大きさ 7cm
（十勝川・北海道）

石英の砂（すな）。つぶの大きさ約 2mm
（木津川・京都府）

白い帯（おび）が石英脈。左右 18cm
（安倍川・静岡県）

透明な石英。大きさ 4cm（奥野井谷川・徳島県）

石英の砂が固（かた）まった石、オルソクォーツァイト。大きいもので 5cm（小矢部川・富山県）

カルセドニー

玉髄

カルセドニーのかたまり。大きさ7cm（久慈川支流・茨城県）

【硬度】7　【比重】2.6
【 色 】透明、白、灰色
【光沢】ガラス光沢

カルセドニーも石英（→24ページ）のなかまで、こまかい石英が繊維のようにあつまってできています。火山岩（→88ページ）の中に、帯のように連なったり、あるいは球やだ円形の状態で入っています。

色は半透明がほとんどで、寒天やわらびもちににているといえるかもしれません。しま模様があるカルセドニーは、とくにメノウ（→28ページ）とよばれます。

大きさ 18cm（鮎川海岸・茨城県）

大きさ 4cm（青海海岸・新潟県）

大きいもので 3cm（桂島・島根県）

大きいもので 4cm（青岩海岸・青森県）

大きいもので 3cm（越目浜・島根県）

大きさ 5cm（森下川・石川県）

メノウ

アゲート

メノウ。大きさ 4cm（須沢海岸・新潟県）

【硬度】7　【比重】2.6
【 色 】さまざま（しま模様）
【光沢】ガラス光沢

カルセドニー（→ 26 ページ）のうち、しま模様が見られるものをメノウとよびます。しまの色は白、灰、くらい茶、オレンジ色などで、市販されている赤や青のきれいなしま模様のメノウは、人工的に着色したものがほとんどです。

しま模様は、中心に向かって結晶がすすんでいったようすを表しています。色や模様がきれいなものはアクセサリーとして利用されています。

大きさ 10cm（玉川・茨城県）

大きさ 3cm（小矢部川・富山県）

まん中のほそいすじがメノウ。石の大きさ 10cm（浅野川支流・石川県）

大きさ 4cm（桂島・島根県）

大きさ 7cm（谷川・愛知県）

大きさ 8cm（円山川・兵庫県）

オパール

たんぱく石

白いところが、流紋岩の中にできたオパール。石の大きさ 6cm（谷川・愛知県）

【硬度】5-6.5　【比重】1.9-2.3
【色】ミルク～にじ色など　【光沢】脂肪光沢、ガラス光沢

オパールはこまかい球のかたちになった石英があつまってできたものです。そのつぶの大きさや並び方によって、ミルク色に見えたり、遊色というにじ色のように見えることがあります。日本で見つかるオパールのほとんどはミルク色です。遊色が見られるのは福島県で見つかるものくらいです。

おおくは流紋岩（→ 88 ページ）の中に入っていますが、温泉の沈殿物（水の底にたまるもの）としてオパールができている場合もあります。

白～青色のところがオパール。左右 5cm
（大杉谷川支流・石川県）

白いところがオパール。左右 5cm
（大杉谷川支流・石川県）

白いところがオパール。大きさ 7cm
（越目浜・島根県）

白いところがオパール。左右 8cm
（森下川・石川県）

流紋岩の中の白いところがオパール。石の大きさ 15cm（小矢部川・富山県）

温泉の沈殿物としてできたオパール。大きさ 4cm（然別川支流・北海道）

鉄電気石（てつでんきせき）

ブラックトルマリン

くろいところが鉄電気石。石の大きさ 6cm（花園川・茨城県）

【硬度】7 【比重】3.2

【 色 】くろ色

【光沢】ガラス光沢

鉄電気石はくろ色で、石の中に長い柱のかたちでふくまれていますが、あつまったかたまりの状態で見られることもおおくあります。表面にこまかい条線（結晶の表面にあるたくさんの平行な線）があり、ひじょうに硬いため、クギなどでもキズがつきません。

英語ではショール（Schorl）といいますが、宝石名としてブラックトルマリンとよばれることもあります。

石の大きさ 6cm（木津川・京都府）

左右 6cm（服部川・三重県）

左右 7cm（木津川・京都府）

左右 8cm（大串川・佐賀県）

左右 5cm（銚子川・三重県）

左右 8cm（木津川・京都府）

かんらん石

オリビン・ペリドット

砂（すな）の中からあつめたかんらん石。つぶの大きさ２～3mm
（川尻海岸・鹿児島県）

【硬度（こうど）】6.5-7　【比重（ひじゅう）】3.3-3.7
【 色（いろ） 】うすいみどり～くらい茶（ちゃ）色
【光沢（こうたく）】ガラス光沢

かんらん石は黄（き）みどり色のきれいなつぶ状（じょう）で見られ、大きいものはペリドットとよばれる宝石（ほうせき）になります。色は黄みどり色からくらい茶色まで、濃（こ）さのちがうバリエーションがあります。これはかんらん石にふくまれる鉄（てつ）とマグネシウムの割合（わりあい）によるものです。

砂の中からあつめたかんらん石。つぶの大きさ1mm（足羽川・福井県）

まん中のみどり色のところが、かんらん石。左右 4cm（足摺岬・高知県）

玄武岩（げんぶがん）の中にとりこまれたかんらん石。左右 10cm（高島・佐賀県）

蛇紋石（じゃもんせき）

サーペンティン

蛇紋石があつまった岩（いわ）は蛇紋岩（じゃもんがん）とよばれる。左右4cm（吉野川・奈良県）

【硬度（こうど）】2.2-3.5　【比重（ひじゅう）】2.5

【 色（いろ） 】うすいみどり～くらいみどり色

【光沢（こうたく）】脂肪（しぼう）光沢

「蛇紋石」という名前（なまえ）はグループ名で、いくつかの種類（しゅるい）があります。見つかる石のおおくはアンチゴライトで、ときにはリザード石、クリソタイルなどもあります。クリソタイルはいわゆるアスベスト（石綿（いしわた））で、人の体（からだ）に入ると、肺（はい）がんなどの病気（びょうき）を引（ひ）きおこします。

蛇紋石は地下深（ちかふか）くにあるかんらん石や輝石（きせき）が水の影響（えいきょう）で分解（ぶんかい）され、変化（へんか）して軽（かる）くなり、地表（ちひょう）に上がってきたものです。みどり色の濃（こ）いところは磁鉄鉱（じてっこう）のこまかいつぶをふくむので、磁石（じしゃく）で引きよせられます。

蛇紋石ばかりの海岸（かいがん）の石。磁鉄鉱をおおくふくんでいるので、ふかいみどり色をしている。大きい石で5cm
（黒ヶ浜海岸・大分県）

蛇紋石があつまった蛇紋岩。石の大きさ 12cm
（荒川・埼玉県）

蛇紋岩。石の大きさ 8cm（宮崎海岸・富山県）

クジャク石

マラカイト

石の表面（ひょうめん）に膜（まく）のように広がるクジャク石。
石の大きさ 12cm（一庫大路次川・兵庫県）

【硬度】4 【比重】4
【 色 】みどり色
【光沢】ガラス光沢

クジャク石は銅が変化してできた鉱物です。銅でできた 10 円玉などをおいておくと、みどり色のさびが出てきますが、これとおなじです。

かたまりで出てきたクジャク石は、断面に、クジャクが羽を広げたようなきれいな模様が見られることがあります。

あざやかなみどり色なので、粉にして、岩絵の具として古くから利用されてきました。

石の大きさ 4cm
（荒川・秋田県）

石の大きさ 8cm
（四郷川・奈良県）

石の大きさ 5cm（肝川・兵庫県）

ホタル石

フローライト

みどり色のところがホタル石。ホタル石の大きさ 4cm（菅田川・岐阜県）

【硬度】4　【比重】3.2
【 色 】透明、うすいみどり～うすい茶、むらさき色
【光沢】ガラス光沢

熱するとホタルのように光をはなつことから、ホタル石と名づけられました。また、紫外線をあてると、むらさき色の光をはなつものもあります（→ 95 ページ）。規則的に割れやすい性質があります。

鉄をつくるときの材料（製鉄溶剤）やレンズの材料に利用できるので、かつては日本にもホタル石を採掘していた鉱山がありました。しかし、いまはすべて閉山しています。

むらさきがかった白いところがホタル石。
石の大きさ 8cm（猪名川・兵庫県）

うすいみどり色のところがホタル石。
石の大きさ 10cm
（淀川・秋田県）

むらさき色のところがホタル石。
左右 5cm（野尻川・兵庫県）

黒曜石

オブシディアン

表面（ひょうめん）はキズがついて白っぽく見えるが、中はまっくろ。まん中のくぼみから、中がすこし見える。石の大きさ 10cm（居辺川・北海道）

【硬度】5 【比重】2.3-2.5
【 色 】くろ～灰、赤色
【光沢】ガラス光沢

黒曜石は、厳密にいえば鉱物ではなく、流紋岩（→ 88ページ）とよばれる岩（鉱物のあつまり）で、ほとんどがガラスでできています。火山の噴火でマグマが水中などに流れ出し、みじかい時間で冷え固まったときに黒曜石ができると考えられています。

割れ目がするどくとがっているので、石器時代には、刃物になる石としてよく利用されました。

大きさ 6cm（十勝川・北海道）

大きさ 5cm（音更川・北海道）

くろく見える石が黒曜石。大きいもので 4cm（砥川・長野県）

大きさ 5cm（砥川・長野県）

大きさそれぞれ 4cm（谷川・愛知県）

大きさ 5cm（狩野川・静岡県）

紅玉髄（べにぎょくずい）

カーネリアン

オレンジ色の紅玉髄のかたまり。大きさ3cm（武庫川・兵庫県）

【硬度（こうど）】7　【比重（ひじゅう）】2.6

【 色（いろ） 】くらい茶（ちゃ）～オレンジ色

【光沢（こうたく）】ガラス光沢

カルセドニー（→26ページ）のうち、くらい茶～オレンジ色のものを、とくに紅玉髄（カーネリアン）とよびます。カルセドニーが地中（ちちゅう）に埋（う）まっているときに、鉄分（てつぶん）のおおい地下水（ちかすい）がしみこむと、このような赤っぽい色になるといわれています。

白とオレンジ色のしま模様（もよう）ができると、メノウ（→28ページ）ともよばれます。

大きさ 6cm（玉川・茨城県）

大きさ 2cm（大和川・大阪府）

大きさ 3cm（木津川・京都府）

大きさ 2cm（小矢部川・富山県）

大きさ 6cm（久慈川支流・茨城県）

大きさ 3cm（小矢部川・富山県）

紅柱石

アンダリュサイト

四角柱（しかくちゅう）の断面（だんめん）が見える。石の大きさ 12cm（木津川・京都府）

【硬度】7　【比重】2.7-3.1
【 色 】赤、くらい茶色など
【光沢】ガラス光沢

紅柱石は泥岩が変化して、ホルンフェルスという岩に変わったときにできる鉱物です。四角い柱のようなかたちで、もともとはくらい赤色をしています。しかし、川原や海辺で見られるのは、変質して白雲母（→78 ページ）に変わっていることがおおいので、岩の中に黄ばんだ白く短いすじがたくさんついているように見えます。

変質がすすんでいない紅柱石。石の大きさ 6cm
（玉川・京都府）

白いところが変質した紅柱石。左右 8cm
（木津川・京都府）

変質して白くなっているが、紅柱石らしいかたち
がのこっている。石の大きさ 5cm
（木津川・京都府）

河床（かわどこ）に出ているホルンフェルスに見
られる白いはん点（てん）が紅柱石。左右 12cm
（和束川・京都府）

紅簾石(こうれんせき)

ピーモンタイト

赤いところが紅簾石。左右 5cm（関川・愛媛県）

【硬度(こうど)】6 【比重(ひじゅう)】3.5
【 色(いろ) 】うすい赤～赤色
【光沢(こうたく)】ガラス光沢

紅簾石は緑簾石(りょくれんせき)（→ 52 ページ）のなかまです。

紅簾片岩(へんがん)とよばれる紅簾石をふくむ岩(いわ)はうすい赤色をしたうつくしい石なので、川原(かわら)の石の中でも色ですぐに見つけることができます。うすく平(たい)らで、ピンク色の岩を探(さが)してみましょう。

ただ、三波川帯(さんばがわたい)とよばれる地質(ちしつ)で見られる紅簾片岩にふくまれているのは、紅簾石ではなく緑簾石だという研究もあります。

紅簾石をふくむ紅簾片岩。
石の大きさ 12cm
（国領川・愛媛県）

紅簾石のつぶが見られる
紅簾片岩。左右 5cm
（紀の川・和歌山県）

濃（こ）い赤色をした紅簾片岩。
左右 18cm
（三波川・群馬県）

緑泥石(りょくでいせき)

クローライト

緑泥石をおおくふくむ緑泥片岩。石の大きさ12cm（三波川・群馬県）

【硬度(こうど)】2-2.5　【比重(ひじゅう)】2.7
【 色(いろ) 】くらいみどり～くすんだみどり、白、赤色など
【光沢(こうたく)】脂肪(しぼう)光沢、ガラス光沢

「緑泥石」はグループ名で、こまかく分(わ)けると10種類以上(しゅるいいじょう)の鉱物(こうぶつ)が緑泥石のなかまです。粉(こな)やこまかいつぶ状(じょう)であることがおおいので、おおくの緑泥石があつまってできた緑泥片岩(へんがん)の姿(すがた)で見つかることがほとんどです。

輝石(きせき)（→74ページ）から、角閃石(かくせんせき)（→72ページ）から、雲母(うんも)から……と、さまざまなパターンで鉱物が変化(へんか)して緑泥石ができます。雲母のようにやわらかく、しかもうすくはがれやすい性質(せいしつ)があります。

くらいみどり色のところには緑泥石がおおくふくまれている。石の大きさ11cm
（櫛田川・三重県）

緑泥石をふくむ緑泥片岩。石の大きさ18cm
（紀の川・和歌山県）

緑泥片岩。石の大きさ18cm（吉野川・徳島県）

緑簾石（りょくれんせき）

epidote

エピドート

黄みどり色のところが緑簾石。左右 12cm（丹生川・和歌山県）

【硬度】6-7　【比重】3.3-3.5
【 色 】黄みどり～くらいみどり色
【光沢】ガラス光沢

緑簾石は 20 種以上ある緑簾石グループのひとつで、独特の黄みどり色が特徴です。緑簾片岩とよばれる緑簾石をおおくふくむ岩の姿で見られます。

中央構造線（日本列島のまん中を横切る、大きな断層）の南側にある川で、みどり色をしたうすい石を見つけたら、ほぼまちがいなく緑簾片岩か、緑泥片岩（→ 50 ページ）です。その 2 種類がまざっている場合もあります。

緑閃石（りょくせんせき）

actinolite

アクチノライト

みどり色の柱状（はしらじょう）のところが緑閃石。石の大きさ 4cm（青海川・新潟県）

【硬度（こうど）】5-6 【比重（ひじゅう）】3.1-3.2

【色（いろ）】みどり色

【光沢（こうたく）】ガラス光沢

緑閃石は角閃石（かくせんせき）グループ（→ 72 ページ）のひとつで、透緑閃石（とうりょくせんせき）やアクチノ閃石ともよばれています。緑色片岩（りょくしょくへんがん）という岩（いわ）の中にふくまれている、みどり色の鉱物（こうぶつ）です。

緑閃石がこまかい繊維（せんい）のようにあつまった石は軟玉（なんぎょく）とよばれ、ヒスイの代（か）わりとしてアクセサリーにも利用（りよう）されています。

菫青石

コーディエライト

六角形の柱のような断面が菫青石。石の大きさ 10cm（木津川・京都府）

【硬度】7-7.5 【比重】2.6
【 色 】あわい青色、灰みどり色など
【光沢】ガラス光沢

菫青石は、紅柱石（→ 46 ページ）とおなじように、泥岩が変質してホルンフェルスに変わったときにできる鉱物です。六角形の短い柱のかたちをしていて、本来はうすい青色をしています。しかし、たいてい変質して白雲母（→ 78 ページ）や緑泥石（→ 50 ページ）に変わっています。

断面がサクラの花びらのような模様になっているものはサクラ石とよばれ、一部の場所では天然記念物になっています。

白いはん点（てん）が菫青石。左右 10cm（串小川・福井県）

左下の菫青石はサクラ石とよべる。石の大きさ 14cm（山内川・京都府）

はん点のところが菫青石。石の大きさ 12cm（錦川・山口県）

ボツボツととび出しているところが菫青石。石の大きさ 25cm（瀬田川・滋賀県）

はん点のところが菫青石。石の大きさ 6cm（愛知川・滋賀県）

サクラ石。大きいもので 1cm（亀岡市・京都府）

ジャスパー

碧玉（へきぎょく）

赤いジャスパー。大きいもので 4cm（青岩海岸・青森県）

【硬度（こうど）】7　【比重（ひじゅう）】2.6-2.9

【 色（いろ） 】みどり、赤、黄（き）色、くらい茶（ちゃ）色など

【光沢（こうたく）】ガラス光沢

カルセドニー（→ 26 ページ）とおなじ石英（せきえい）（→ 24 ページ）のなかまで、石英のこまかなつぶのあつまりです。不純物（ふじゅんぶつ）をおおくふくんでいるので、透明感（とうめいかん）はほとんどありません。

赤鉄鉱（せきてっこう）をふくむと赤いレッドジャスパーに、緑泥石（りょくでいせき）をふくむとみどり色のグリーンジャスパーになります。有名な新潟県（にいがたけん）・佐渡（さど）の「赤玉石（あかだまいし）」はレッドジャスパー、島根県（しまねけん）・玉造（たまつくり）の「メノウ」はグリーンジャスパーのことです。

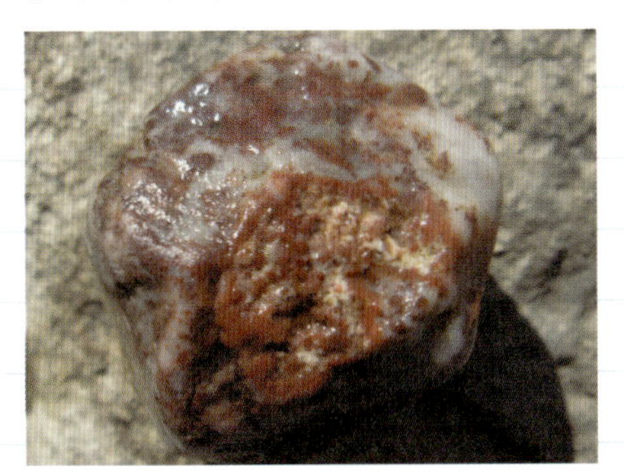
大きさ 4cm（狩野川・静岡県）

赤いところがジャスパー。石の大きさ 6cm
（板谷川・三重県）

メノウとかさなりあっている。左右 4cm
（愛知川・滋賀県）

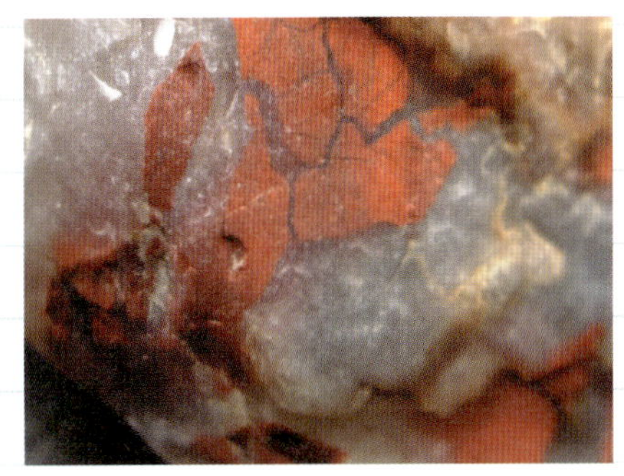
左右 10cm（桂川・京都府）

大きさ 4cm（青海海岸・新潟県）

グリーンジャスパー。大きさ 6cm（谷川･愛知県）

黄鉄鉱（おうてっこう）

パイライト

金色のところが黄鉄鉱。左右 10cm（神流川・埼玉県）

【硬度（こうど）】6　【比重（ひじゅう）】5

【 色（いろ） 】金色

【光沢（こうたく）】金属光沢（きんぞくこうたく）

黄鉄鉱は硫黄（いおう）と鉄（てつ）でできています。金色をしているため、金とまちがわれることがありますが、金にくらべて黄鉄鉱のほうがはるかに硬（かた）いので見分（わ）けられます。

川原（かわら）では、表面（ひょうめん）に出ているところは酸化（さんか）して茶（ちゃ）色になっていますが、割（わ）るときれいな金色が見られます。

白っぽいところが黄鉄鉱。石の大きさ12cm（姫川・新潟県）

石に埋（う）まった金色のさいころのようなものが黄鉄鉱。左右 6cm（荒川・秋田県）

酸化してくらい茶色になっている。石の大きさ8cm（青海海岸・新潟県）

中心の灰（はい）色のところが黄鉄鉱。石の大きさ 15cm（狩野川・静岡県）

灰（はい）色～金色のところが黄鉄鉱。左右3cm
（木津川・京都府）

黄銅鉱

キャルコパイライト

黄鉄鉱をふくむ黄銅鉱。茶（ちゃ）色のところは
酸化している。左右 10cm（楊枝川・三重県）

【硬度】4 【比重】4.3
【 色 】金色～黄色
【光沢】金属光沢

黄銅鉱は銅と鉄と硫黄でできています。黄鉄鉱（→ 58 ページ）とよくにていて、おなじ石の中に見られることもあります。黄鉄鉱より黄色みが強く、いわゆるヤマブキ色で、黄鉄鉱とおなじように金にまちがえられやすい鉱物です。工業的に役にたつ成分をおおくふくむので、銅のなかまの中ではとくに重要な鉱石でもあります。

地表で風化がすすみ分解されていくと、斑銅鉱（→ 66 ページ）やクジャク石（→ 38 ページ）などに変わっていきます。

黄色いところが黄銅鉱。大きさ 5cm（荒川・秋田県）

黄色いところが黄銅鉱。左右 6cm
（愛知川・滋賀県）

黄色いところが黄銅鉱。左右 5cm
（明延川・兵庫県）

黄色いところが黄銅鉱。左右 7cm
（古座川・和歌山県）

黄銅鉱のかたまり。大きさ 6cm
（市川支流・兵庫県）

菱マンガン鉱

ロードクロサイト

まっくろな石を割ると中に菱マンガン鉱が見つかる。左右15cm（串小川・福井県）

【硬度】3.5-4 【比重】3.6-3.8
【 色 】もも色〜べに色
【光沢】ガラス光沢

マンガンの鉱石ですが、色がうつくしいこともあって宝石としてあつかわれることもあります。

川原では表面がくろく酸化しているため、ピンク色の石を探していても見つかりません。粉をふいたようなくろい石で、もってみて重たく感じたら、割ってみましょう。中から思いがけずきれいなピンク色があらわれると感激します。

バラ輝石（→ 80 ページ）とにていますが、バラ輝石のほうが硬いので、ナイフでキズがつくかどうかで判別できます。

ピンク色のところが菱マンガン鉱。左右 8cm（安曇川・滋賀県）

うすいピンク色のところが菱マンガン鉱。石の大きさ 12cm（錦川・山口県）

表面はくろいが、中はピンク色なのがわかる。左右 15cm（一之瀬川支流・三重県）

方鉛鉱（ほうえんこう）

ガレナ

方鉛鉱のさいころ型の割れ口がよくわかる。石の大きさ 4cm（市川支流・兵庫県）

【硬度（こうど）】2-3 【比重（ひじゅう）】7.5
【 色（いろ） 】灰色（はいいろ）など
【光沢（こうたく）】金属光沢（きんぞくこうたく）

鉛（なまり）をとり出せる重要（じゅうよう）な鉱石（こうせき）です。白くかがやく独特（どくとく）の金属光沢があり、割（わ）れ目が六面体（ろくめんたい）のさいころ型（がた）なので見分（わ）けやすいでしょう。

重（おも）い鉱物（こうぶつ）なので、川原（かわら）でとくに重（おも）い石を見つけたら割ってみましょう。たいていなんらかの金属鉱物が出てきますが、ひじょうに重い石には方鉛鉱が見つかることがおおいです。成分（せいぶん）は鉛が 90%、硫黄（いおう）が 10%で、わずかに銀（ぎん）をふくみます。

まん中の石英（せきえい）のまわりに、
かがやく方鉛鉱が見られる。石の大き
さ 4cm（石澄川支流・大阪府）

まん中のさいころ型の鉱物が方鉛鉱。
左右 6cm
（一庫大路次川・兵庫県）

まん中のくろいところが方鉛鉱。左右
6cm（明延川・兵庫県）

斑銅鉱

bornite 

ボーナイト

川原で見つけたときは、このようなにじ色をしている。左右 12cm（四郷川・奈良県）

【硬度】3 【比重】5.1
【 色 】赤茶～青むらさき、にじ色
【光沢】金属光沢

斑銅鉱は銅と鉄でできていて、銅をとり出せる鉱石です。割った直後の断面は赤茶色ですが、時間がたつとしだいに酸化して、きれいな赤や青色のまじった、にじ色のように見えます。

川原で探すときは、石の重さと、このにじ色が目じるしになります。

自然銅

copper

カッパー

左下のタテに入った茶色いしま模様（もよう）のところが自然銅。左右10cm（四郷川・奈良県）

【硬度】2.5　【比重】8.9
【 色 】赤茶色
【光沢】金属光沢

銅だけでできている鉱物（元素鉱物）ですが、工業的に銅をとり出すために使われているのは黄銅鉱（→60ページ）がもっともおおく、自然銅を採掘しているところはあまりありません。

みどり色の岩を割ると、そのうすく割れた面に、赤茶色やくらい茶色の箔やつぶの状態で見られることがあります。

磁鉄鉱

マグネタイト

よわい磁石に引きよせられた磁鉄鉱。つぶの大きさ1～2mm（川尻海岸・鹿児島県）

【硬度】5.5 【比重】5.2
【 色 】くろ色
【光沢】金属光沢

磁鉄鉱は、比較的おおくの石にふくまれるので、川原や海辺で、砂があつまったところに磁石をおいてみると、くろい小さなつぶがすぐに引きよせられます。これはほとんど磁鉄鉱です。

ほかの川砂より重いので、川砂をパンニング（→104ページ）すると、最後にのこるくろいつぶが磁鉄鉱です。

島根県や鳥取県では、川砂などから磁鉄鉱をあつめ、「たたら」という独自の製鉄方法で鉄の材料をとり出し、刀などをつくっていました。

鹿児島県（かごしまけん）・川尻海岸（かわじりかいがん）の砂は、磁鉄鉱をおおくふくんでいるため、くろっぽく見えます。
ほかの場所（ばしょ）でも、砂がくろずんで見えるところは、たいてい磁鉄鉱があつまっています。

川尻海岸（鹿児島県）

河口（かこう）の砂。くろく見えるところに磁鉄鉱があつまっている（天竜川・静岡県）

左の写真（しゃしん）の砂の拡大（かくだい）。くろいつぶが磁鉄鉱（足羽川・福井県）

川砂をパンニングすると最後にのこるくろい砂はほとんどが磁鉄鉱。つぶの大きさ1～2mm
（斐伊川・島根県）

長石

フェルスパー

うすい茶色のところがカリ長石、灰（はい）色のところは石英（せきえい）。
石の大きさ3cm（能美島南海岸・広島県）

【硬度】6 【比重】2.5-2.7
【 色 】白～うすい茶色
【光沢】ガラス光沢

長石はたくさんの種類がある鉱物グループ名で、大きく分けて、カリウムをおおくふくむカリ長石と、カルシウムやナトリウムをおおくふくむ斜長石の2種類があります。

長石はほとんどの岩石にふくまれていて、地球の表面に存在する鉱物の中で、もっとも量がおおい鉱物です。

カリ長石のあつまり。
左右5cm（江田島北海岸・広島県）

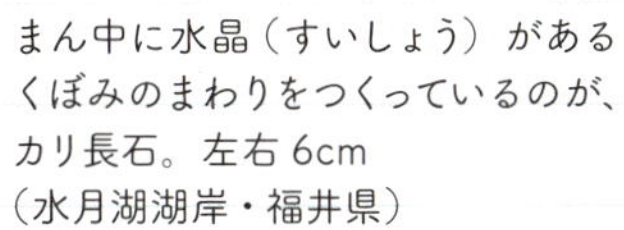

まん中に水晶（すいしょう）がある
くぼみのまわりをつくっているのが、
カリ長石。左右 6cm
（水月湖湖岸・福井県）

割（わ）れ目が見えている
斜長石。石の大きさ3cm
（阿武隈川・福島県）

角閃石（かくせんせき）

ホーンブレンド

くろい色の、長方形（ちょうほうけい）に見えるところが普通角閃石。
左右10cm（金辺川支流・福岡県）

【硬度（こうど）】5.5　【比重（ひじゅう）】3.3
【色（いろ）】みどりがかったくろ色
【光沢（こうたく）】ガラス光沢

角閃石はグループ名で、「○○閃石」と名前（なまえ）がついているなかまの鉱物（こうぶつ）は187種類（しゅるい）にもなります。その中のひとつである普通（ふつう）角閃石は、岩石（がんせき）の中にもっともよく見られる種類です。

石の表面（ひょうめん）に見られる、くろ色の、細長（ほそなが）い鉱物が角閃石です。

くろ色の細長いものが角閃石。
左右10cm
（野洲川・滋賀県）

みどりがかったくろ色が角閃石。
左右8cm
（神子畑川・兵庫県）

角閃石があつまった角閃岩（がん）。
石の大きさ6cm（花園川・茨城県）

輝石

パイロキシン

くらいみどり色をした四角（しかく）っぽいところが輝石。
石の大きさ 8cm（笠島海岸・新潟県）

【硬度】5.5-6　【比重】3.2-3.6
【 色 】くらいみどり、くらい茶色
【光沢】ガラス光沢

輝石はグループ名で、そのなかまは約20種類もあります。よく見られるのは普通輝石、頑火輝石、ヒスイ輝石、透輝石、灰鉄輝石、オンファンス輝石などです。

長い柱のかたちをした角閃石（→72ページ）とよくにていて、どちらも割れやすい方向が2つあり、その2つの方向が交差しています。ただ、交わる角度が角閃石は約120度、輝石は約90度になります。

左上のくろく四角いところが輝石、右下のうすいみどり色のところはかんらん石。左右 7cm（高島海岸・佐賀県）

輝石と角閃石のちがい

角閃石と輝石はよくにていますが、角閃石のほうがやや長い柱のかたちをしています。また、どちらも割れやすい２方向が交差していますが、交わる角度がことなります。

角閃石

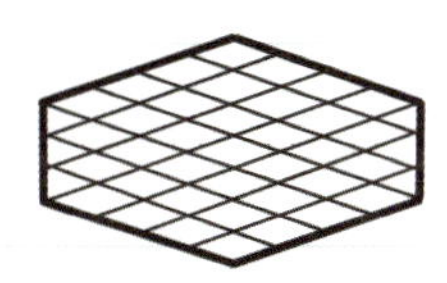

角閃石の断面

輝石の断面

輝石

黒雲母（くろうんも）

バイオタイト

黒雲母のうすくはがれやすい性質がわかる。石の大きさ 6cm（木津川・京都府）

【硬度】2.5-3 【比重】2.8
【 色 】くろ～くらい茶色、くらいみどり色
【光沢】真珠光沢

黒雲母はじつは独立した鉱物の名前ではありません。鉄をおおくふくむ鉄雲母か、マグネシウムをおおくふくむ金雲母とよぶべきなのですが、この中間の成分をもっている場合には、習慣的に「黒雲母」とよびます。

ひじょうにうすくはがれる性質があります。砂場の砂の中にきらきらと金色に光るうすい箔を見かけることがありますが、あれは黒雲母です。

よりあつまった黒雲母。左右 3cm
（青山川・三重県）

砂の中からとり出した雲母。大きいもので 6mm
（大和川・大阪府）

ペグマタイトという火成岩（かせいがん）の中の
黒雲母。石の大きさ 8cm（中岳川・大分県）

くろいところが黒雲母。左右 13cm
（大和川・大阪府）

ペグマタイトの中の黒雲母。左右 5cm
（石川町・福島県）

白雲母

マスコバイト

ペグマタイトという火成岩（かせいがん）の中の白雲母。
うすくはがれやすい性質がわかる。左右 6cm（木津川・京都府）

【硬度】2-2.5　【比重】2.8
【 色 】透明～白色
【光沢】真珠光沢

白雲母は黒雲母（→76 ページ）とおなじく、雲母のなかまの中でももっともよく見られる種類です。雲母に共通の特徴として、一面でうすくはがれやすい性質をもっています。ほかの雲母とことなり、電気を通さないため、電気絶縁材（必要のないところに電気が流れないようにするために使う材料）として利用されてきました。

白く光（ひか）っているところが白雲母。左右 6cm（木津川・京都府）

光っているところが白雲母。左右 5cm（青山川・三重県）

上の白いものが白雲母、ほかは黒雲母。大きいもので 1cm（大和川・大阪府）

白雲母のかたまり。左右 5cm（菩提仙川・奈良県）

バラ輝石
ロードナイト

rhodonite

表面はまっくろだが、中はきれいなピンク色。左右10cm（小串川・福井県）

【硬度】6 【比重】3.7
【 色 】ピンク～赤色
【光沢】ガラス光沢

うつくしいピンク色をしたバラ輝石は、菱マンガン鉱（→62ページ）とおなじく、マンガンをとり出せる鉱石です。透明度の高いものは宝石としても使われています。

川原で見つかる場合は、表面が酸化してまっくろになっています。ほかの石よりすこし重いので、くろくて重い石を探して割ってみると、このようなピンク色の鉱物が見られるでしょう。菱マンガン鉱ににていますが、鉄クギでけずってキズがつかなければバラ輝石です。

褐鉄鉱

limonite

リモナイト

ストローのようなかたちをしているものは高師小僧ともよばれる。
断面（だんめん）の大きさ1cmほど（木津川・京都府）

【硬度】5.5　【比重】3.6-4.3
【 色 】くらい茶
【光沢】土状光沢

鉄サビが植物の根のまわりにあつまって固まったものです。根がくさってぬけるので、まん中が空洞の管になります。棒のかたちをしていることがおおいですが、だ円形や球体にちかいものもあります。

針鉄鉱などの鉱物があつまったもので、正式な鉱物名ではありませんが、習慣的に褐鉄鉱とよばれます。写真のようなかたちのものは高師小僧とよばれ、愛知県の高師原で見つかる高師小僧は天然記念物に指定されています。

コハク

amber

アンバー

約1億年前の樹液が化石化してコハクとなった。大きさ3cm（宿根海岸・岩手県）

【硬度】2-2.5　【比重】1.0-1.1
【 色 】あめ色、赤～オレンジ色
【光沢】樹脂光沢

コハクは木の樹液の化石ですが、例外的に鉱物のなかまに入れることがあります。写真のコハクは約1億年前の樹液の化石です。日本では岩手県久慈産のものが装飾品として加工され販売されています。

ときおり、中に昆虫などが閉じこめられたコハクが見つかることがあります。ハリウッドで映画化もされた小説『ジュラシックパーク』は、コハクの中に閉じこめられていた蚊から、恐竜のDNAをとり出して、恐竜を復元するというお話でした。

珪化木

silicified wood

シリシファイドウッド

木目がのこる珪化木。 石の大きさ14cm（久慈川・茨城県）

【硬度】7 【比重】さまざま

【 色 】さまざま（木による）

【光沢】ガラス光沢

珪化木は、地面に埋まった木にケイ酸をふくむ地下水がしみこみ、成分が二酸化ケイ素に変化することでできる木の化石のひとつです。厳密には鉱物ではありませんが、おなじ成分でできているので、メノウやオパールになっている場合があります。

よい状態で化石化すると、木目や木のかたちまでのこります。模様がうつくしいので、みがかれてアクセサリーなどに加工されます。また、大きくてりっぱな珪化木は天然記念物に指定されているものもあります。

宝石と鉱石

2章では、「岩」や「石」と「鉱物」のちがいを説明しますが、「宝石」や「鉱石」というよび方もきいたことはありませんか？
それぞれどんな石のことをさすのでしょうか。

いろいろな宝石

宝石

キラキラ光るきれいな石のことをとくに「宝石」とよびます。色やかがやきがうつくしく、割れにくく、しかも数が少なくて貴重な石が原石（もとになる石）にえらばれ、カットしたりみがかれたりして、宝石へと加工されます。

鉱石

金や鉄、亜鉛など、産業に役立つ資源となる鉱物や、それをふくむ石のことを、「鉱石」とよびます。
岩石の中には、ある鉱物がとくにあつまって帯のようになっているところがあり、そこは「鉱脈」「鉱床」とよばれます。
鉱石は、そうした鉱脈や鉱床からほり出されます。

岩の中のくろいすじが、亜鉛（あえん）の鉱脈（生野銀山・兵庫県）

石のことをもっと知ろう！

2 石について調べてみよう

たとえば
これは
3種類の鉱物が
組み合わさって
できているよ

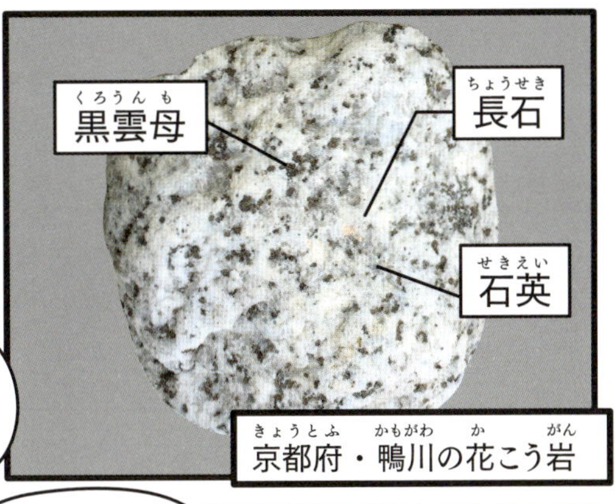
黒雲母
長石
石英
京都府・鴨川の花こう岩

どんな鉱物がどれくらい
入っているかや
どのようにして
できたかによって
石の名前が
変わるんだよ

なるほど！
石をカレーだとすると
お野菜やお肉っていう材料が
鉱物だね！
バターチキンカレー
トマト
パプリカ
欧風カレー
ポークカレー
たまねぎ
ぶたにく
にんじん
カレー LOVE
カ
レー
ドライカレー
トマト
ひきにく
ピーマン
いや ちがうでしょ…

カレーは煮込めば
できるけどさぁ…
石って
どうやってできるの？
お鍋でコトコト…
では無理よね…
カレーからはなれて…

圧力鍋!?
いや鍋ではムリだよ…
それには
地球の熱や圧力が
かかわっているんだよ

火成岩（火山岩）

マグマが地表ちかくで急に冷えて固まったもの

玄武岩

安山岩

流紋岩

堆積岩

火山の噴火でふき出したものが固まったタイプ

凝灰岩

凝灰角れき岩

変成岩（熱による）

マグマの熱で変化したタイプ

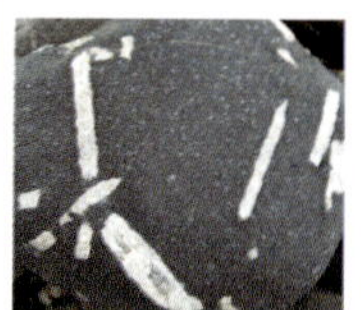
ホルンフェルス

大理石

火成岩（深成岩）

マグマが地下深くでゆっくり冷えて固まったもの

斑れい岩

閃緑岩

花こう岩

火成岩 地面の中や火山からふき出したマグマが冷えて固まってできる石。6種類ある。

堆積岩 火成岩が風化（太陽の光や雨風などのためにくずれること）して雨や川に流され海の底などにたまって固まった石。7種類ある

変成岩 火成岩や堆積岩がマグマの熱で変化したり、地下で高い圧力をうけて性質が変わった石。4種類ある。

岩くずが固まったタイプ
岩くずの大きさによってよび方がちがう

泥岩
（0.06mm 以下）

砂岩
（0.06mm ～ 2mm）

れき岩
（2mm 以上）

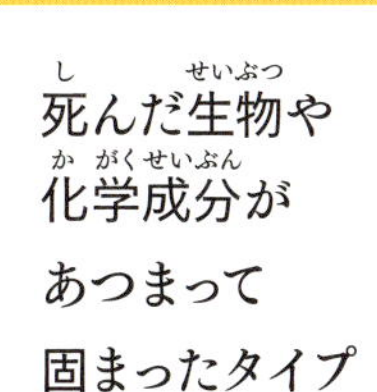

死んだ生物や
化学成分が
あつまって
固まったタイプ

チャート

石灰岩

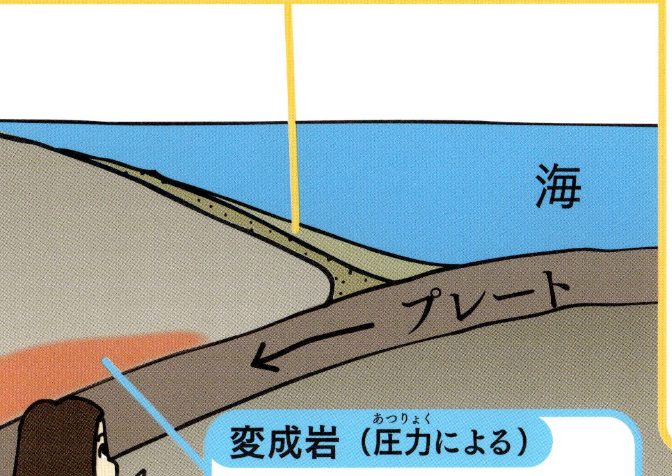

変成岩（圧力による）

圧力で変化したタイプ

結晶片岩

片麻岩

地下でギューッと押されてできるのね!!

これは花こう岩だから
マグマが地下でゆっくり冷えてできたものなのね

よく見るとキラキラしたガラスみたいな部分があってキレイ…

そのキラキラした部分は石英だよ
石英の中でも結晶が六角形の柱みたいなかたちをしたものを水晶とよぶんだ
水晶!?
水晶といえば…
コレ

まるで石の中に宝物がかくされているみたいね!
このキラキラの鉱物も土や海の中でできたの?

そう
鉱物はマグマから作られているんだよ

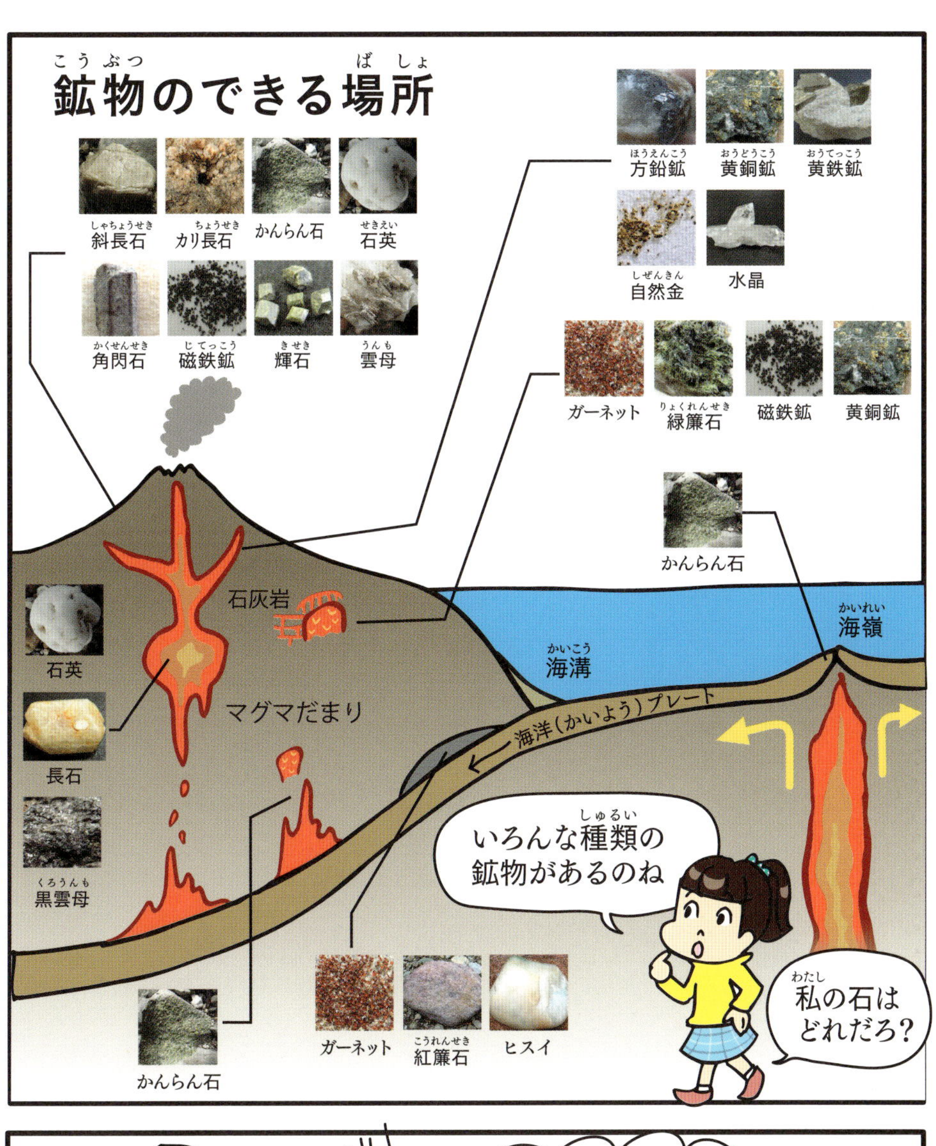
鉱物のできる場所
斜長石
カリ長石
かんらん石
石英
角閃石
磁鉄鉱
輝石
雲母
方鉛鉱
黄銅鉱
黄鉄鉱
自然金
水晶
ガーネット
緑簾石
磁鉄鉱
黄銅鉱
かんらん石
石灰岩
海嶺
海溝
石英
長石
黒雲母
マグマだまり
海洋(かいよう)プレート
いろんな種類の鉱物があるのね
私の石はどれだろ?
ガーネット
紅簾石
ヒスイ
かんらん石

おしえてー!!
見分けてみたい!
なんの鉱物なのか見分ける方法がいくつかあるんだよ

色

鉱物は種類によって色に特徴があるので見分けるヒントになります

赤色		もも色		むらさき色		青色	
ガーネット	ルビー	バラ輝石	リチア電気石	紫水晶	ホタル石	サファイア	青鉛鉱

ガーネット　ルビー

バラ輝石

リチア電気石

紫水晶

ホタル石

サファイア

青鉛鉱

聞いたことのある名前もたくさんあるよ

うす茶色		オレンジ色		黄色／金色	
カリ長石	チタン石	コハク	ガーネット	黄銅鉱	砂金

カリ長石

チタン石

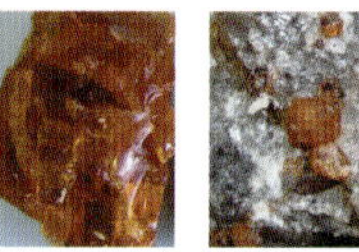

コハク　ガーネット

黄銅鉱

砂金

かたち

鉱物は原子が規則正しく並んでいる（結晶構造）ので、特徴的なかたちをしているものがあります

六面体

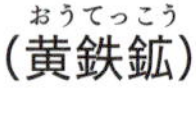

（黄鉄鉱）

平行六面体

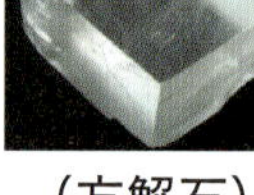

（方解石）

八面体

（ホタル石）

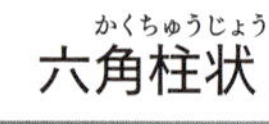

六角柱状

（コランダム）

短柱状

（輝石）

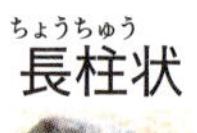

長柱状

（角閃石）

六角柱状

（水晶）

六角板状

（サファイア）

柱状

（長石）

あい色

ラズライト　藍晶石

白色

白雲母

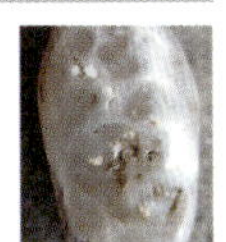

カルセドニー

透明

方解石

水晶

銀色

方鉛鉱

自然銀

黄みどり色

かんらん石

緑簾石

みどり色

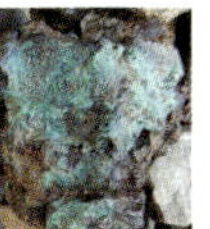

クジャク石

緑柱石

くろ色

石墨

電気石

光沢

表面のかがやき方にも特徴があります

金属光沢

（黄鉄鉱）

ガラス光沢

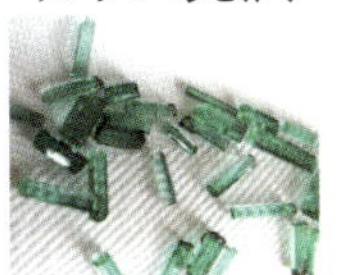

（緑柱石）

樹脂光沢

（コハク）

真珠光沢

（白雲母）

脂肪光沢

（オパール）

土状光沢

（褐鉄鉱）

硬度
（硬さ）
鉱物の硬さは10段階に分けられていて
基準となる鉱物がきめられています
（モース硬度計）
やわらかい
硬い
1
2
3
4
5
6
7
8
9
10
滑石
石膏
方解石
ホタル石
リン灰石
カリ長石
石英
トパーズ
コランダム
ダイヤモンド
つめ
2.5
10円玉
3
鉄くぎ
4.5
ガラス
5.5
ナイフ
6
みぢかなものの硬さ
たとえば
むらさき色の鉱物が何か
わからないときは
ナイフをちょっと
あててみよう
石膏は
爪よりやわらかいんだね
傷がつかなければ
ナイフより硬い
紫水晶だね！
そっか!!

磁力

磁石に引きつけられる性質をもつ鉱物もあります

ふつうの磁石

磁鉄鉱、磁硫鉄鉱、自然鉄など

強力な磁石

一部のガーネット

磁石にひっつくのは鉄だけじゃないんだね

蛍光

鉱物の中には紫外線をあてると光るものがあります

ふつうの光

灰重石

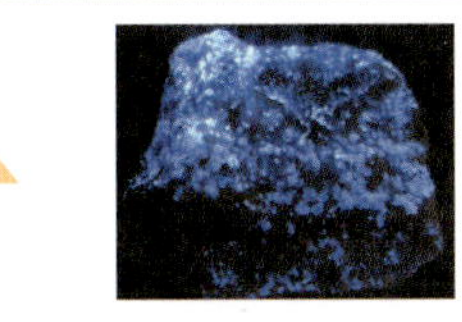

ホタル石

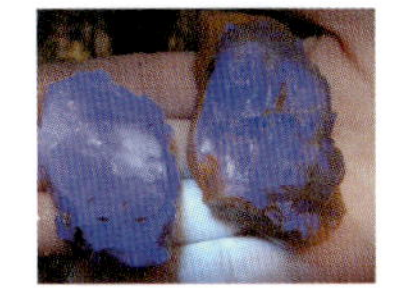

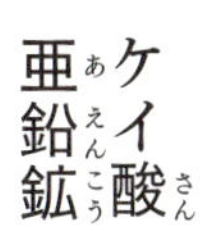

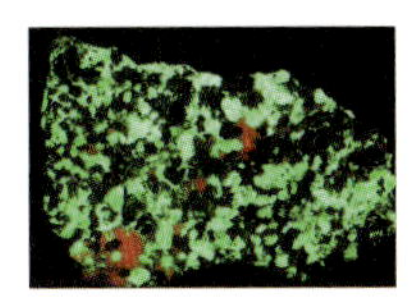

方解石やカリ長石も、とれる場所によっては光るものがあります

紫外線はじっと見つめるとキケンです

かならずおとなといっしょに観察しましょう

比重（密度）
かんたんにいえば、水とくらべたときの重さのことです（くわしくは98ページ）
重さのことか!!
うちでいちばん重いのはお母さんだよ！
もっとも重い比重をもつのは金で水の重さの19倍もあるんだよ
砂金

比重のちがいを利用して砂の中にまじっている鉱物をとり出す方法を
パンニング
というんだ
いらんこというのはこの口か
あでででごふぇんなはい

パンニング
軽いものが流されて
重いものがのこる。

テレビで見たことあるよ！
カリフォルニア
ゴールドラッシュ

それは
外国の話でしょ
しかも昔の…
日本の川で
いまでも
見つけることが
できますよ
え!?
砂金だけでなく
ガーネットなども
パンニングで
とることができるよ
ガーネット!?
宝石の!?

では
じっさいに
川に石を
探しに行って
みるかい?
行きたーい!!

お宝ほりあてて
億万長者になったら
どうしよう…
あわわわわわ…
では
いよいよ
石探しに
レッツゴー!!
※その心配はありません。

比重について

2章では、比重をかんたんに説明するために「水とくらべたときの**重さ**」と書きました。しかしもっと正確にいうと、比重は「水とくらべたときの**密度**」であって、「密度」と「重さ」は、厳密にはちがうものです。

重量と質量のちがい

ものの重さを表す言葉には「**重量**」と「**質量**」があり、「重さ」というときには、ふつう「重量」をさします。

重量： あるものにはたらく重力の大きさ（重力によって変わる）

質量： あるもの自体がもっている量（ずっと変わらない）

質量が60kg の人は、地球（ちきゅう）では重量も60kg ですが、重力が地球の6分（ぶん）の1しかない月に行（い）くと、質量は60kg のままですが、重量は10kg になってしまいます

密度とは

いっぽう密度は、きめられた大きさの入れものの中に、あるものをいっぱいに入れたとき、どれくらいの**質量**が入るかをさします。

たて、よこ、高（たか）さがすべて1cm の箱（はこ）に水をいっぱいに入れると、質量1g の水が入ります。ちなみに、金はおなじ箱の中に19g の質量が入るので、金は水よりも19倍（ばい）密度が高い、ということになります

比重とは

そして比重とは、水の密度を1としたとき、くらべるものの密度が何倍かを表した数です。金は水の 19 倍密度が高いので、金の比重は 19 となります。

採集(さいしゅう)ガイド

石探(さが)しに出かけよう！

3 川原で石を探してみよう

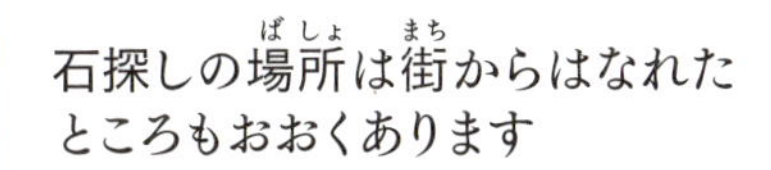

目的地はもちろんのこと
とちゅうの行き方も
出かける前に
インターネットの
地図や航空写真で
しっかり下調べ
すること

地形図も見ておこう!!

水辺は増水や
土砂くずれの
キケンもあるので
天気予報も
わすれずチェックね!

いちばんちかい駅や
立ちよりスポットなどで
トイレをすませて
おきましょう

出発前にも
調べて行こう!!

歩道のない道は
車に注意！
山道は
スピード出してる
車多い！

ゆっくりで
いいよー
山道を通るときは
足元にも
気をつけてね！

奈良県・室生川
宇陀川
石がいっぱい～！

あ！
見て見て～
きれいなシマシマ

これは
片麻岩だね
1億年くらい前に
できたものだよ
いちおくねん!?
ほら
その足元の石!
え!?
その赤い部分
ガーネット
じゃないかな
えー!
スコープで
見てみよう
うわー!
きれい!

そんなふうに石の中にもふくまれているけど
砂の中にもガーネットがまじっているから
パンニングで探してみよう
…聞いてる？
すごい
すごい!!
ホントにあった！

パンニング
比重（重さ）のちがいを利用してより分ける方法。
昔から砂金採りなどで用いられています。
パンという器具
じゃないよ。

川原の石は上流から水に流されてきているので川が合流するあたりに集まっていることがおおいよ

まず
ザルに川原の砂を
とります
川の中の砂じゃ
ないんだ？

大きめの石の手前の
砂がねらい目だね
このへん。

スコップで砂をほり
ふるい器に入れる
石も砂もぜんぶいっしょに
ザー！

水の中でふるって
大きな石は捨てる
こちらは
すてる
細かい石
と砂

パンニングのパンは
お店でも売っているけど
じぶんでも
作れるよ
100円ショップに
売ってるもので
作れちゃうわね
数千円します
だんがついている。
園芸用のたいらな
プラスチック皿に
障子などの
スキマをふさぐ
テープをはる。
「パン」とは底がたいらなお皿のことだよ

パンニングの方法

①水の中で砂を
かきまぜる

②パンを左右に
ゆする

③パンの中の
土砂を回転させる

④パンを上下に
ゆする

⑤表面のこまかい
砂を回転させて流す

⑥手前に引き上げて
表面の砂を流す

⑦水を少し入れる

⑧水を入れたまま
ゆっくり回転させる

⑨水をしずかに
捨てる

なるほど
重いから
パンに残る
のねー
サヨ〜
ナラ〜
どー
ーん
なんとなく
親近感…

パンニングといえば
砂金!!
金
19!?
重い!!
比重が 19 の砂金や
4.0 のサファイアなども
パンニングで
集めることができるよ

どーかなー…
あっ!

これ!

うん
ガーネットだね
やったぁぁ!

もうすこし
パンニングして
他の砂を
流していこう
はーーい
いいな〜!!

ぼくのにもあったー！
お!!

小さいけど
きれい〜！！

あるていど
より分けたら
もって帰って
家で選別しても
いいよー
水ごと入れて水はすてる

しかしこれ…
なんかクセになるね…
無心…

日暮れてきたよ
もう帰ろうよー

今回行ったのはココ！

奈良県宇陀市室生大野

室生川

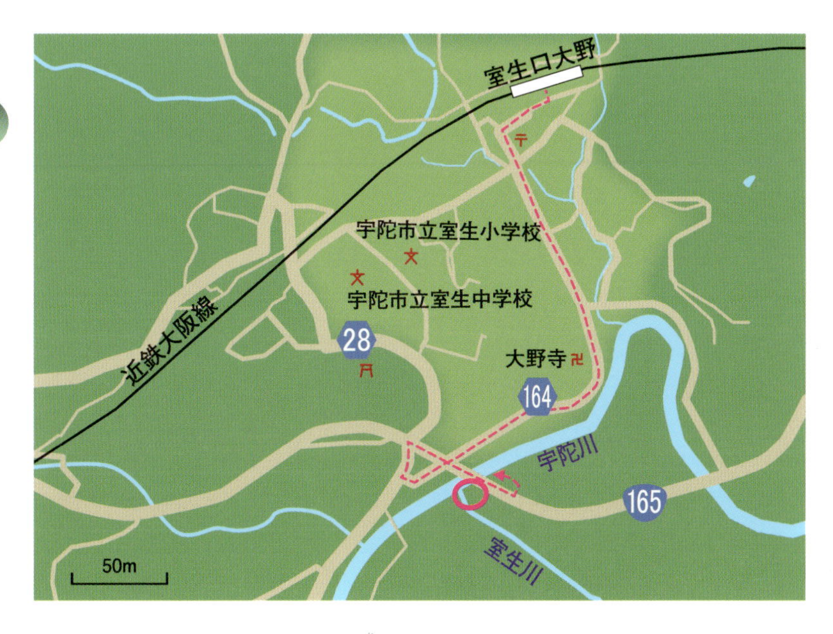

アクセス

鉄道 近鉄室生口大野駅で下車。改札を出て右手に進み、最初の角を左折して道なりに進む。宇陀川にかかる橋の下をくぐり、カーブに沿って進むと交差点に出る。先ほどくぐった橋を渡り、道の左手にある資材置き場をこえた辺りに、川原へ下りる階段がある。

01

北海道河東郡上士幌町（ほっかいどうかとうぐんかみしほろちょう）

居辺川（おりべがわ）

黒曜石、泥岩など（こくようせき、でいがん）

アクセス

車 道東自動車道の音更帯広ICで降り、国道241号をひたすら北に向かい、上士幌町で県道316号（県道660号に接続）に右折、東へ進むと居辺川にかかる居辺橋に出る。橋のたもとから川原に下りる。

居辺川の居辺橋（おりべばし）の下の川原（かわら）

黒曜石は北海道では十勝石とよばれ、帯広地方ではよく知られた石です。この居辺川以外にも、十勝川のいくつかの支流でも見つけることができます。黒曜石は鉱物ではなく流紋岩という種類の火山岩で、ほとんどが天然のガラスでできています。

石のあいだに見られる黒曜石（5cm）

赤っぽい黒曜石（6cm）

黒曜石は水の中ではまっくろに見える（6cm）

しま模様（もよう）がきれいな泥岩（9cm）

ギャラリーショップ十勝石（十勝工芸社）

（上士幌町字上士幌東 3 線 243-3）

上士幌町の中心部に黒曜石をきれいに加工したおみやげやアクセサリーなどを販売している店があります。

青森県つがる市牛潟町鷲野沢

02 七里長浜

カルセドニー、緑色岩、ジャスパーなど

アクセス

鉄道 JR五所川原駅から弘南バス小泊線(十三経由)に乗り、「高山神社入口」で下車。徒歩で県道228号を西へ約4km行き、高山稲荷神社横の道から海岸に出る。

車 国道339号を北上し、沢部の交差点で西に曲がり県道2号に入る。県道12号、228号を経由しつつ道なりに北西へ約15km進むと、高山稲荷神社に着く。

七里長浜

海岸の手前はかなり砂が積もっていますが、波うちぎわのほうに小石があつまっている場所があるので、そのあたりで石を探しましょう。

ちかくの山は約2200万～1500万年前の火山岩でできていて、その岩の中にふくまれているカルセドニーやジャスパーなどが、川ではこばれて海岸に流れつくのです。

白くて半透明（はんとうめい）な石はカルセドニーやメノウ（大きいもので４ｃｍ）

緑色岩（2～3cm）

ジャスパー（0.5～2cm）

気をつけよう！

海岸は波がおだやかなときでも、とつぜん大きな波がくることがあるので、波うちぎわからはなれたところで探そう。

岩手県久慈市小久慈町

久慈琥珀博物館

コハク

アクセス

鉄道 JR・三陸鉄道久慈駅からJRバス山根・岩瀬張方面行きで「琥珀博物館入口」下車。バス停からも遠いので、博物館に連絡をして送迎を頼んでおこう。

車 久慈市内から国道281号で西へ向かい、大川目町の交差点で南に入り、約2kmで着く。

博物館のコハク探し体験場（じょう）

岩手県久慈地方では、約1億年前の木の樹脂からできたコハクがよく出てきます。透明にちかい、きれいな茶色をしていて、古くからアクセサリーに利用されてきました。もともと久慈でとれたコハクが、とおく関西地方で見つかっている例もあります。

久慈琥珀博物館では、展示を見てコハクについて学んだり、コハク探し体験ができます。ちかくには、地層を観察できる場所もあります。

博物館の発掘体験場で見つかったコハク
（大きさ3～6mm）

久慈琥珀博物館

（久慈市小久慈町 19-156-133）

体験料：高校生以上 1500円

小中学生 1000円　小学生未満 100円（保護者同伴）

冬はお休み。予約が必要な期間もあるので、出かける前にホームページ（http://www.kuji.co.jp/）などで調べましょう。

新潟県糸魚川市

04 姫川

ヒスイ、水晶、黄鉄鉱、蛇紋石、鉄電気石など

アクセス

鉄道 JR・えちごトキめき鉄道糸魚川駅下車。線路に沿うような道を富山方面に歩くと約2.5kmで姫川の堤防に着く。鉄橋ちかくから川原に出る。

車 北陸自動車道の糸魚川ICで降りる。国道148号を北上し国道8号に出て西に向かうと姫川大橋に出る。その手前で堤防に出る道に入る。

姫川の川原

姫川の川原では、いろいろな種類の石をたくさん見つけられます。この地方はとくにヒスイがとれることで有名です。

ヒスイ（1.5 ～ 2cm）

白いところが水晶（石の大きさ5cm）

まん中が黄鉄鉱（左右 14cm）

金のつぶが黄鉄鉱（左右 8cm）

ジャスパー（3cm）

くろい点（てん）は電気石
（石の大きさ 6cm）

蛇紋石（8cm）

キツネ石（6cm）

フォッサマグナミュージアム

（糸魚川市大字一ノ宮 1313、美山公園内）

入館料：おとな 500 円、高校生以下無料

ヒスイをはじめ、ちかくでとれるいろいろな鉱物や石が展示されている。地質の勉強もできるので、ぜひ寄ってみよう。

05

新潟県糸魚川市須沢

須沢海岸

メノウ、水晶、蛇紋石、電気石など

アクセス

鉄道 えちごトキめき鉄道青海駅から北に歩いて行くと、海岸そばの遊歩道に出る。そこを右折し、姫川方面に約4km歩く。

車 北陸自動車道糸魚川ICで降り、国道148号、8号を経て姫川大橋を渡り、すぐに右に折れると海岸に出る。

須沢海岸

糸魚川市のちかくは海岸の砂利（じゃり）の中からもヒスイが見つかりますが、おおくの人がとりにきているので見つからないかもしれません。それにくらべ、メノウや水晶などは見つかりやすいでしょう。

メノウ（3cm）

くぼみに小さな水晶（石の大きさ5cm）

キツネ石（4cm）

蛇紋石をふくむ蛇紋岩（がん）（8cm）

赤い出っぱりはメノウ（石の大きさ5cm）

くろい点（てん）が電気石
（石の大きさ7cm）

06

茨城県北茨城市華川町花園

花園川

石英、長石、黒雲母、ガーネット、鉄電気石、角閃石など

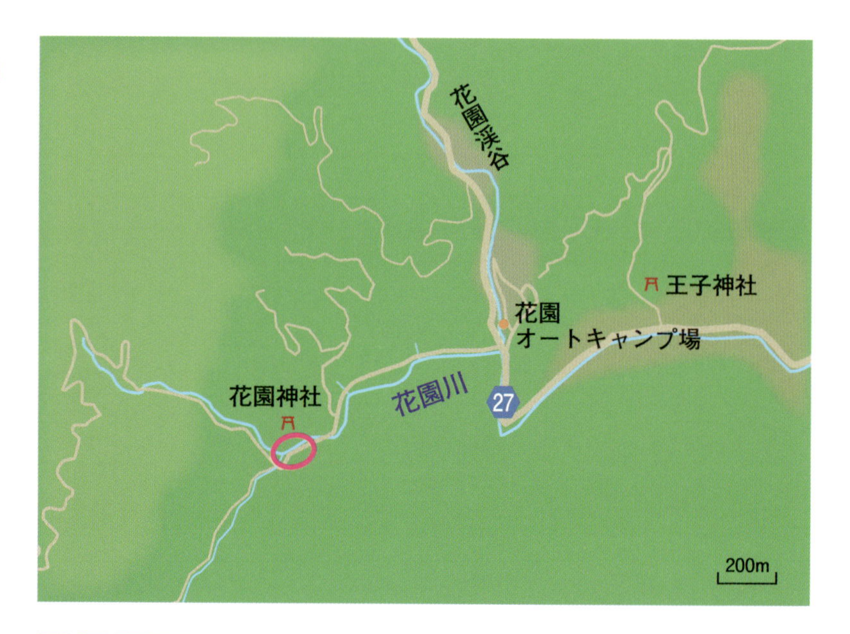

アクセス

車 常磐自動車道北茨城ICから県道69号を北西に進み、県道153号、27号を経由して花園神社まで約25分。

鉄道 JR磯原駅からタクシーで花園神社前まで約30分。

花園川の花園神社前（まえ）の川原

花園神社より上流の川原には、約1億年前の片麻岩や結晶片岩があり、中にガーネットや鉄電気石などがふくまれています。

グレーのところが石英、白いところが長石、くろいところが黒雲母（石の大きさ5cm）

赤い点（てん）はガーネット（石の大きさ4cm）

くろいところが鉄電気石（石の大きさ4cm）

角閃石のみでできた石（6cm）

石英脈（みゃく）。しま模様（もよう）はメノウ（石の大きさ12cm）

花園渓谷

県立自然公園に指定されている花園渓谷はジオサイト（地球の活動を体感できる場所）でもあり、与四郎の滝など見どころがたくさんあります。

いばらきけんひたちおおみやしもりがね
茨城県常陸大宮市盛金

くじがわしりゅう
久慈川支流

メノウ、カルセドニーなど

アクセス

鉄道 JR下小川駅の南にある平山橋で久慈川を渡り、川沿いに進む。約1.7km。

車 国道118号を進み、久慈川にかかる平山橋付近から、東から久慈川へ合流している川沿いの道を進む。

久慈川支流の川原

この山地の岩石(がんせき)には、カルセドニーやメノウが脈状(みゃくじょう)に入っています。むかしはこの脈(みゃく)からメノウをとっていました。この川原(かわら)の道路(どうろ)のわきに、これらの鉱物(こうぶつ)をとっていたあと（金網(かなあみ)でおおわれているところ）があります。

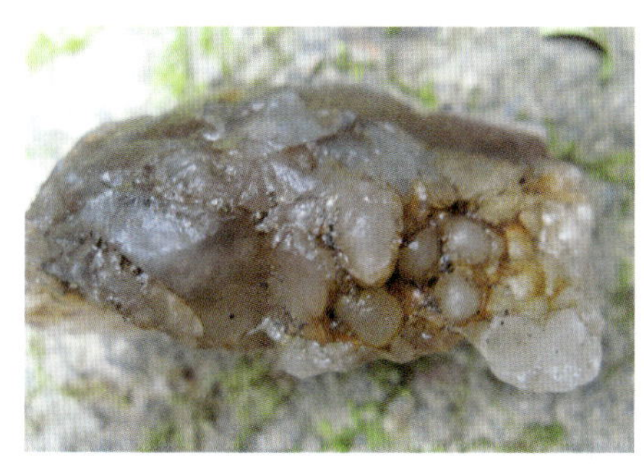

すべてメノウかカルセドニー。半透明（はんとうめい）で、大小の玉があつまったようなかたちが見られる。また、川原では石全体（ぜんたい）がほかの石より角（かく）ばっている（3 ～ 7cm）

群馬県藤岡市月吉

三波川

紅簾石（紅簾片岩）、緑泥石（緑泥片岩）、石英など

アクセス

車 国道462号から鬼石（おにし）の交差点で県道177号に入り、西へ進む。三波川に沿って上流に向かい、月吉付近で、左の川に下りる道へ折れる。すぐそばの橋のたもとから川原に下りる。

三波川の月吉ちかくの川原

三波川のこの地点から、長野県や愛知県を通って紀伊半島、さらには四国、九州まで、中央構造線とよばれる、日本でもっとも大きな断層が走っています。その南側には、変成岩でできた地層が、帯のように続いています。その地域は、三波川の川原でその変成岩が見られることにちなんで「三波川帯」とよばれます。

川原で見られる石は結晶片岩、とくに三波川にはみどり色のうつくしい緑泥片岩や、きれいな赤色をした紅簾片岩があります。

紅簾石をふくむ紅簾片岩（左右 12cm）

緑泥石をふくむ緑泥片岩（10cm）

石英（左右 16cm）

09

さいたまけんちちぶしなかつがわ
埼玉県秩父市中津川

神流川（荒川支流）

黄鉄鉱、ガーネット、緑簾石、クジャク石など

アクセス

鉄道 秩父鉄道三峰口駅から西武バス中津川行きに乗り、「出合」下車（1日4本）。そこから徒歩で神流川に沿って上流へ歩く。4つ目のトンネルの手前で川原に下りる道がある。

車 国道140号で滝沢ダム方面へ。ダム湖上流の道から県道210号に入り、中津川に沿って上流へ行くと「出合」バス停に着く。その後は上記のとおり。

神流川の川原

上流には、かつて金、銀、亜鉛などを採掘していた有名な秩父鉱山があり、いまも石灰などを採掘しています。川原には黄鉄鉱が地表にあらわれたところ（露頭）があります。

黄鉄鉱（7cm）

がけに黄鉄鉱のすじが見られる（左右 1.5m）

黄鉄鉱のかたまり（5cm）

こまかいガーネットのあつまり（左右 8cm）

みどり色（いろ）のところが緑簾石
（左右 10cm）

みどり色のところがクジャク石
（左右 9cm）

10

富山県南栃市高宮

小矢部川

メノウ、カルセドニー、カーネリアンなど

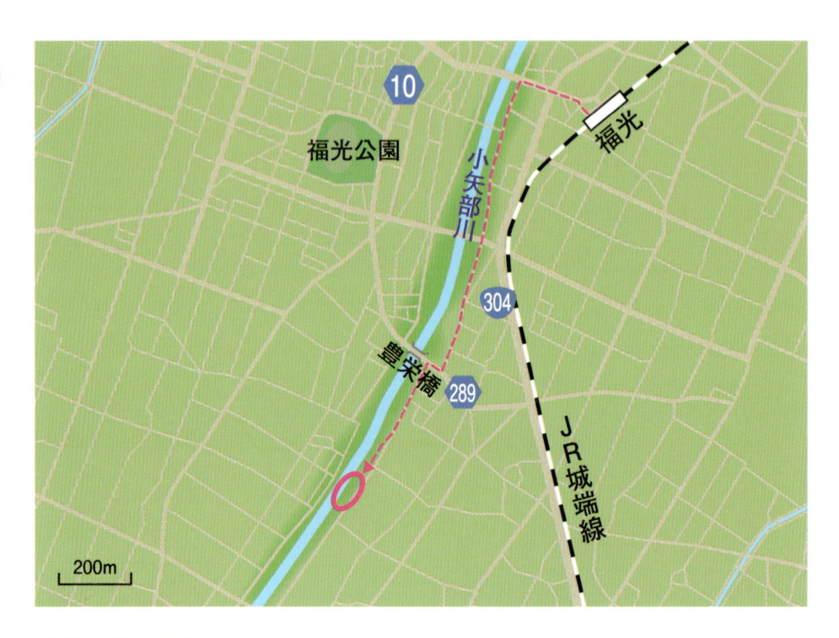

アクセス

鉄道 JR福光駅から西へ約200m行くと、小矢部川の堤防に出る。その道を川沿いに上流へ向かい、3つ目の橋から約400m進んだところで川原に出る。

車 東海北陸道・福光ICから国道304号を北上。約2.5km進んだところの交差点を西へ折れ、豊栄橋へ向かう。橋の手前を堤防に沿ってやや上流に行ったところで川原に下りる。

高宮ちかくの小矢部川の川原

小矢部川の上流には火山岩がおおく、その中にメノウやカルセドニーなどの石英のなかまが脈状に入っています。

石英は硬くて風化しにくいので、川原の石におおくふくまれています。

カーネリアン（4cm）

メノウ（5cm）

カルセドニー（4cm）

カーネリアン（3cm）

カルセドニー（5cm）

ジャスパー（3cm）

いしかわけんかなざわしすなごさかまち
石川県金沢市砂子坂町

森下川（もりもとがわ）

メノウ、カルセドニー、オパールなど

アクセス

鉄道 JR金沢駅、福光駅からバスがあるが本数が少ない。

車 JR金沢駅付近から県道27号で医王ダム方面へ。ダムの北を回りこむように進み、二俣トンネルを抜けたところで、県道27号と分岐して砂子坂町方面へ行く右の道に入る。道なりに進み、森下川を渡る橋のあたりで川原に下りる。

砂子坂町の森下川の川原

森下川の採集スポットより上流の岩には、石英やメノウ、カルセドニーが脈状や球状にふくまれています。石英のなかまの鉱物は硬いので、川原の石ころとしてのこることがおおいのです。

メノウ（左右 8cm）

カルセドニー（5cm）

カルセドニー（4cm）

灰色（はいいろ）のところがメノウ
（左右 8cm）

白いところがオパール（左右 6cm）

アドバイス！

中洲はありますが、川原のはばがせまいので、長ぐつをもっていこう。

12 岐阜県下呂市金山町

菅田川（笹洞）

ホタル石など

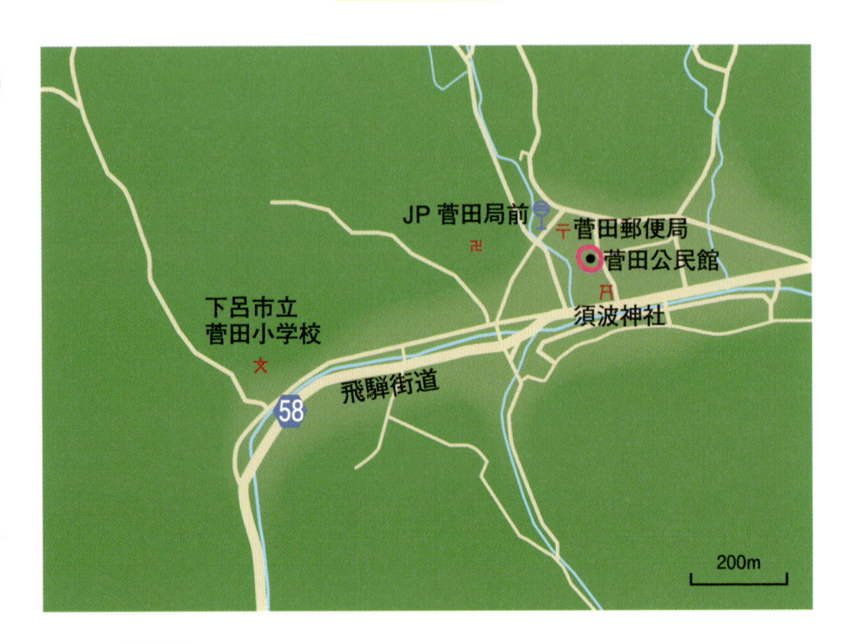

アクセス

事前に金山町観光協会にツアーへの申し込みをしておく。
集合場所の菅田公民館へは、JR飛騨金山駅から、げろバス菅田線に乗り、「JP菅田局前」で下車。須波神社のイチョウを目印に徒歩5分。

笹洞鉱山跡（あと）

ここにはかつて笹洞鉱山があり、ホタル石の採掘がおこなわれていました。いまは閉山していますが、金山町観光協会がおこなっているガイドツアーに申し込むと、川原に案内してもらえ、ホタル石探し体験ができます。

ホタル石（左右 7cm）

白や黄（き）みどりのところがホタル石（左右 9cm）

ホタル石（5 ～ 6cm）

紫外線ライトをあてると青く光（ひか）る

ほたる石鉱山　ミネラルハンティングガイドツアー

料金：おとな 2,500 円

※金山町観光協会（080-3637-2201）か「じゃらん net」の観光ガイドページ（詳細あり）から要予約。

＊紫外線ライトをもっていくと探しやすい。

＊長そで、長ズボンに長ぐつをはいて行こう。5 ～ 10 月ごろまでは山ヒルが出るので、虫よけスプレーも必要。

13

愛知県新城市海老

谷川

オパール、メノウ、カルセドニーなど

アクセス

車 新城ICで降り、国道257号を北上する。長楽の交差点で県道436号に入る。海老川を越えたら県道32号を道なりに進み、海老の交差点で右折。谷川に沿って約2km上流に進んだあたりに川原へ下りる階段がある。

谷川上流の川原。この階段から川原に下りる

谷川の上流は、約1500万年前の流紋岩や、デイサイトという岩がおおく、その中に脈状の石英、メノウ、カルセドニーや、オパールが入っている。

白いところがオパール、下のしまのところがメノウ
（石の大きさ 6cm）

白いところがカルセドニー（左右 7cm）

ピッチストーン
（ガラス質［しつ］の火山岩、6cm）

しま模様（もよう）のところがメノウ
（石の大きさ 8cm）

メノウ（6cm）

気をつけよう!

川に下りる階段がせまいので、気をつけよう。川原もあまり広くないので長ぐつがあるといい。

14

三重県熊野市紀和町（みえけんくまのしきわちょう）

北山川（瀞流荘前）（きたやまがわ（せいりゅうそうまえ））

電気石（せきえい）、石英、水晶（すいしょう）、黄鉄鉱（おうてっこう）など

アクセス

鉄道 JR熊野市駅から熊野市バス瀞流荘行きに乗る。終点の「瀞流荘」で下車すると、すぐ前に川原に下りる道がある。

車 熊野大泊ICで降りて、国道42号線を南西に進む。立石南の交差点を右折して国道311号線沿いに進むと、瀞流荘に着く。車でも川原に下りることができる。

瀞峡下りの船（ふね）がとおりすぎる北山川の川原

北山川上流の渓谷は「瀞峡」とよばれ、切り立ったがけや巨大な岩がつづく光景を楽しめます。採集地点は、国の特別名勝に指定されているところよりもっと下流の川原です。

くろいところが電気石（左右 5cm）

石英脈（みゃく）の中に見られる水晶（左右 6cm）

石英脈の入った砂岩（さがん）（12cm）

左の写真（しゃしん）の石を割（わ）ると、水晶が出てきた

表面（ひょうめん）がさびたような色（いろ）の石を割ると黄鉄鉱が出てくることがある（8cm）

この石も、割ると中にびっしりと黄鉄鉱が出てきた（12cm）

京都府城陽市�井

木津川

紅柱石、カーネリアン、チャート、ガーネット、菫青石、鉄電気石など

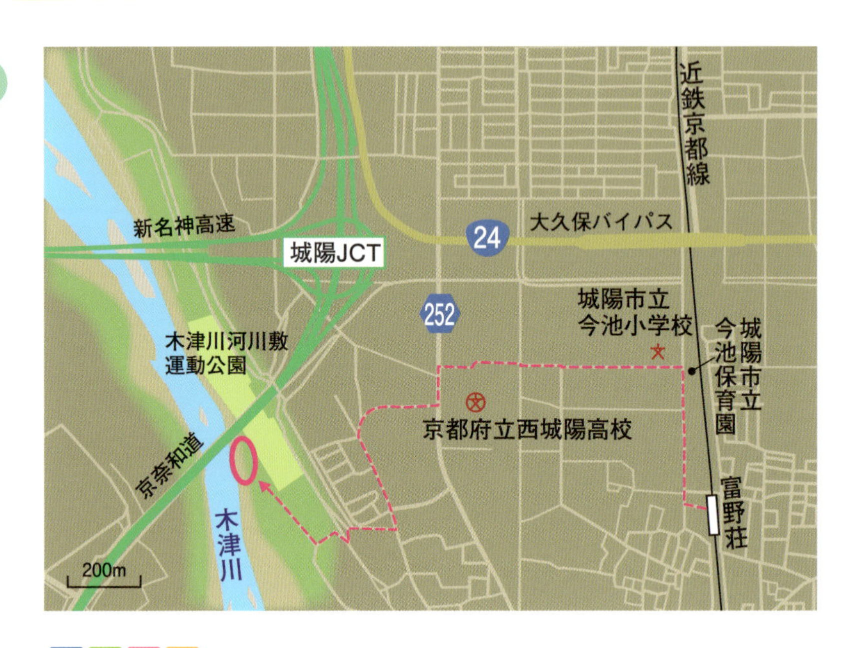

アクセス

鉄道 近鉄富野荘駅の西出口を出て北へ向かう。今池保育園の前で左折、県道252号に出る。南へ100m行って右折し堤防まで進む。堤防上に出て、川原にある運動公園を経て京奈和道の橋の下あたりから川原へ出る。

車 京奈和自動車道の城陽ICで降り木津川運動公園に向かう。

城陽市ちかくの木津川の川原

木津川は三重県伊賀市のあたりから京都府をへて淀川に合流する、90kmちかくもある大きな川で、さまざまな地質の地域を流れてきます。そのため、川原で見られる石の種類もたくさんあります。

白雲母（しろうんも）などに変質（へんしつ）した紅柱石（石の大きさ6cm）

カーネリアン（3cm）

いろいろな色のチャート（大きいもので4cm）

赤いはん点（てん）がガーネット（左右5cm）

キラキラひかるはん点は、白雲母などに変質した菫青石（石の大きさ10cm）

くろいところが鉄電気石（左右6cm）

アドバイス！

ちかくの運動公園にトイレがあります。

16

兵庫県朝来市羽渕

円山川

紫石英、水晶、角閃石、黄鉄鉱、緑泥石、緑色岩など

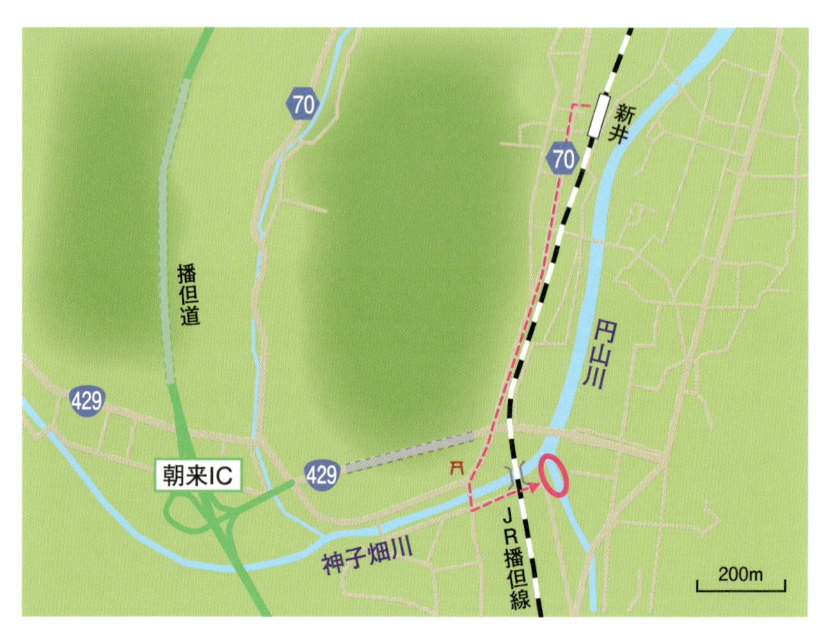

アクセス

鉄道 JR播但線新井駅で下り、県道70号を南へ進む。国道429号の下をくぐると神子畑川にかかる橋があるので渡る。橋のたもとをすぐ左に曲がり、堤防に沿って下流へ行き、播但線の線路下をくぐると広場に出る。広場の北東の隅から川原に出られる。

国道（こくどう）429号（ごう）の橋（はし）

むらさき色（いろ）のところが紫石英や紫水晶（左右 5cm）

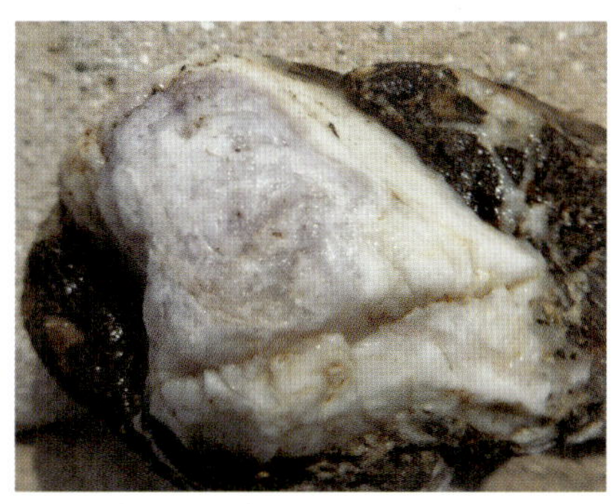

紫石英（左右 7cm）

こいみどり色の点（てん）が角閃石。白いかたまりは長石（石の大きさ10cm）

光（ひか）る2つの四角（かく）い点が黄鉄鉱（左右 2cm）

緑泥石をふくむ緑色岩（10cm）

くぼみにこまかな水晶ができている。（くぼみの大きさ 2cm）

気をつけよう！

ちかくに駐車場がないので、車はオススメしません。

コンビニなどもないので、駅でトイレをすませておこう。

17 兵庫県川辺郡猪名川町民田

一庫大路次川（民田橋）

クジャク石、黄鉄鉱、黄銅鉱、水晶、ホタル石など

アクセス

鉄道 能勢電鉄山下駅から阪急バス（76番以外）に乗り「千軒」で降りる。バス停すぐ横に、国道173号の旧道に下りる小道がある。旧道に出たすぐのところに川原に下りる坂道がある。

民田橋の下の川原（かわら）。角（かく）ばった石がおおい

石の表面（ひょうめん）に見られるクジャク石（石の大きさ10cm）

さびたような色（いろ）の石を割（わ）ると黄鉄鉱が出てきた（14cm）

黄銅鉱（左右4cm）

石英脈（せきえいみゃく）に見られる小さな水晶（石の大きさ7cm）

むらさき色のところがホタル石（左右3cm）

気をつけよう！

ちかくに駐車場（ちゅうしゃじょう）がないので、車はオススメしません。コンビニなどもないので、駅（えき）でトイレをすませておこう。

愛媛県西条市大町

18 加茂川（加茂川橋）

紅簾石、方解石、クジャク石、黄鉄鉱、緑泥石、石英など

アクセス

鉄道 JR伊予西条駅から西へ約1.5km行くと堤防に着く。河川敷公園があるのでそのちかくから川原に出る。車でも川原に下りられる。

川原のむこうに見えるのは加茂川橋

加茂川は西日本でもっとも高い石鎚山から流れる川で、支流と合流して西条市内から海へそそいでいます。地質のことなる地域を流れてくるため、川原ではいろいろな種類の石が見られます。

紅簾石をふくむ紅簾片岩（へんがん）（15cm）

ツメのような方解石の結晶（けっしょう）（左右 8cm）

表面（ひょうめん）にうすくひろがるクジャク石（左右 7cm）

緑泥石をふくむ緑泥片岩（15cm）

まっ白な石英（せきえい）（6cm）

紅簾石をふくむ結晶片岩（16cm）

19

やまぐちけんいわくにしいわくに
山口県岩国市岩国

錦川（錦帯橋）
にしきがわ　きんたいきょう

黄鉄鉱、菫青石、水晶、菱マンガン鉱、緑泥石など
おうてっこう　きんせいせき　すいしょう　りょう　こう　りょくでいせき

アクセス

鉄道 JR西岩国駅または岩国駅から岩国バスに乗り、「錦帯橋」で降りる。またはJR川西駅から徒歩20分。橋の下流側の川原が採集地。ただし川原は駐車場としても使われているので、石探しの際は安全に気をつけよう。

川原（かわら）のむこうに見えるのが錦帯橋

はん点（てん）のところが黄鉄鉱
（石の大きさ10cm）

はん点のところが菫青石
（石の大きさ8cm）

石英のくぼみに水晶が見える
（石の大きさ12cm）

うすいピンクのところが菱マンガン鉱
（石の大きさ10cm）

緑泥石を含む結晶片岩（けっしょうへんがん）
（15cm）

このような茶色（ちゃいろ）の石を割（わ）ると
金属鉱物（きんぞくこうぶつ）が見つかる

錦帯橋

採集地のそばにある錦帯橋はうつくしい5つのアーチをもつ橋で、名勝に指定され、「日本三名橋」にも数えられています。

長崎県長崎市池島町

20 池島（北東の海岸）

珪化木、石英、メノウ、カルセドニーなど

アクセス

長崎県西海市の瀬戸港船待合所から船で池島にわたる。採集地は池島港船待合所を出てすぐ東の海岸。船は神浦港、佐世保港からも出ているが、車で行く場合は、その便がフェリーかどうかを確認しておこう。

海岸に見られるくろい石はほとんどが珪化木か石炭

池島はかつては石炭を採掘する炭鉱の島でした。現在は閉山していますが、坑道や島内を見学できるツアーがあります。

珪化木（25cm）

珪化木（20cm）

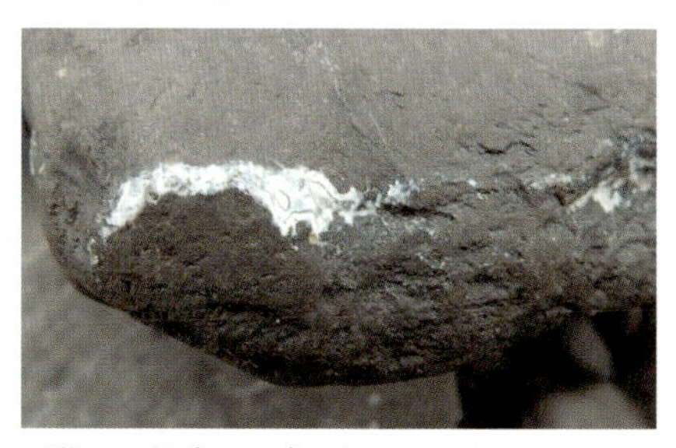
石英の一部（いちぶ）がメノウになっている
（左右 5cm）

白いところはカルセドニー
（石の大きさ15cm）

大きな珪化木がかざられている

坑道へはトロッコにのって行（い）く

池島炭鉱坑内体験ツアー

料金：高校生以上 2680円、小中学生 1340円
（幼児以下は不可）※フェリー代が別途必要
【申し込み】三井松島リソーシス（0959-26-0888）

4 帰ってからの楽しみ

砂の中から鉱物を探そう

① 砂をふるいにかけて
あらい砂とこまかい砂に分ける

② それぞれ乾かす

③ 紙の上にうすく広げてルーペで
観察しながらピンセットでひろい出す

ひろった石をきれいにしよう
くぼみにたまった
泥や砂をよく
洗い落とそう
お！
泥を落とした
くぼみから
小さな結晶が！
表面がくろく
変わってしまっている
（酸化している）石は
ビタミンCの入った
飲みものに何日間か
つけておくと
きれいになるよ
ぼくも
飲みたい…
ホントだ
つけていた
部分だけ
きれい！

石をみがいてみよう
ぬれてるときは
きれいだったのに
乾いたら　なんだか
白っぽくなっちゃった
表面をみがいて
こまかいデコボコを
なめらかにすれば
乾いたままでも
きれいな色が
出るよ
石を水でぬらし
研磨用の耐水ペーパーでみがく
#80か
#120
さいしょは
あらいペーパー
でみがき
じょじょに
こまかい目の
ペーパーに
かえよう
#の数字が
小さいほど
あらい ⟷ こまかい
#80
#1000
耐水ペーパーは
ホームセンターなどで
売っています

鉱物の写真をとろう
先生
どうして
この写真10円玉が
うつってるの？
これ 川原で撮ったやつだよね？
大きさを
くらべられるものと
写しておけば
だいたいの
大きさがわかる
だろう？
なるほど!!
石をひろった場所の
写真もとっておく
どんな石が
おおかったか
わかるね
また行くときに
場所もわかり
やすいわ
光り方やかたち
などの特徴を
メモしたり、
かたちをスケッチして
記録をのこしておく

スマホ用の
マイクロスコープや
接写機能のある
デジタルカメラで
とってみよう
デジカメでは
たいてい
マークが
「接写」
だよ
せっしゃ？
せっしゃは
しのびのものでござる
「接写」は
レンズのちかくに
あるものを
くっきりとる
ことができる
機能よ

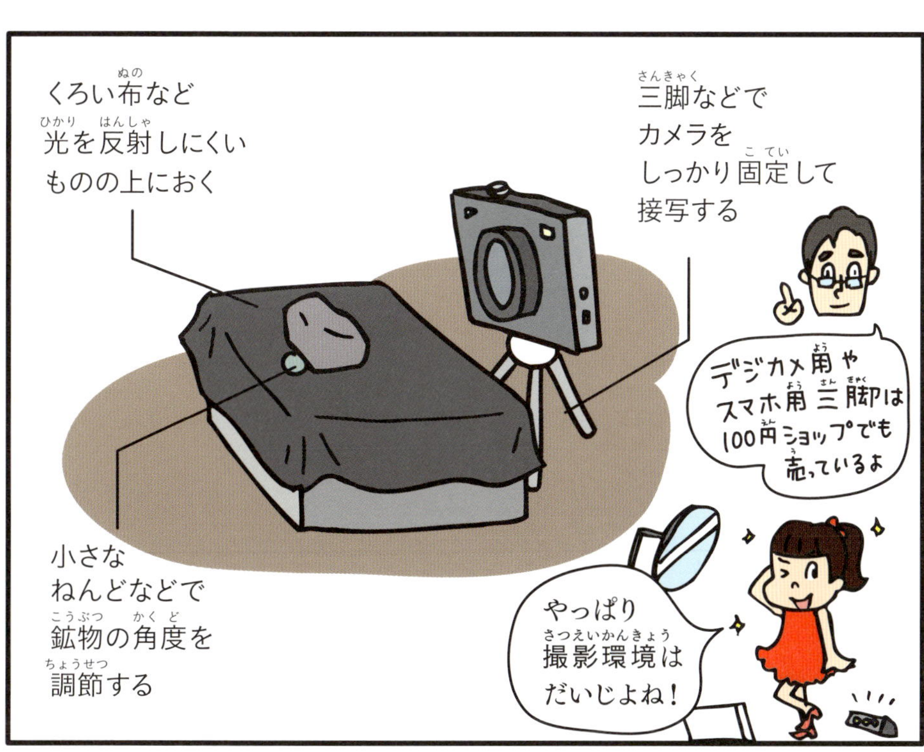
くろい布など
光を反射しにくい
ものの上におく
三脚などで
カメラを
しっかり固定して
接写する
デジカメ用や
スマホ用三脚は
100円ショップでも
売っているよ
小さな
ねんどなどで
鉱物の角度を
調節する
やっぱり
撮影環境は
だいじよね！

ガラスのような鉱物は
くろではなく
白いものを敷いた方が
きれいに写るね
マイクロスコープを
つけるか
ルーペなどで
拡大して
写してみよう
拡大して見ると
まさに宝石ね！

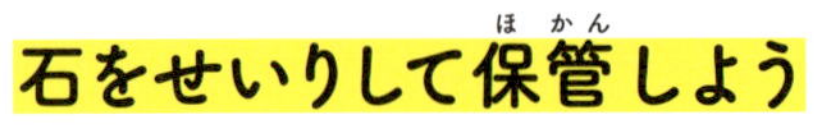

ひろった石を
そのままにしておくと
なくしたりこわれたり
いつひろったものか
わからなくなったり
することがあるので

こまめにせいりして
保管しておこうね

石や鉱物にラベルをつける

トランプくらいの
大きさの紙で
OK

石や鉱物の名前

ばんごう（ 1 ）
鉱物名　ガーネット
採集場所　むろう川（なら県）
採集日　2018年4月17日
採集者（ 石野光 ）

見つけた
順番など

見つけた
場所

見つけた日

見つけた人

ほかにも
大きさや重さ
感想など
自由に書きこんで
いいんだよ

私は見つけた
ときのようすを
書いておこう

石や鉱物をケースにしまう
ラベルをつくったら石をラベルといっしょに箱やケースなどにしまいましょう
鉱物せんようの標本ケースなども売っているけど
大きさが合ってじょうぶなものならおかしの空き箱などでもかまわないよ
このおかしの箱しきりもついてるしちょうどいいね！
空き箱にするのはまかせて！
おいっ!!

蛇紋岩
大きさをそろえるときれいね
もろい鉱物は割れたりキズがついたりしないように下に綿などを敷こう

小さな石は小ビンやくすり入れなどにいれて保管しよう
百均グッズでもいろいろあるね！
ガラスの小びん
仕切りのついたくすり入れ
ピッタリなのを探してみよう

自分だけの図鑑をつくろう

図鑑にのせる情報をきめる

鉱物名（　　　　　　　　　　）

色：　　　　　　光たく：

かたち：　　　　硬度：

写真やスケッチなど

採集した場所

（地図など）

石をひろった場所の写真

他のページをつくる
調べるために読んだ本を「参考図書」というんだよ
表紙やもくじなど
ほかのページもつくって
ホッチキスやひもなどで
とじて本にします
参考図書
感想・まとめ
鉱物名（　　　　　）
光たく：
硬度：
この図鑑をつくるきっかけ
もくじ
わたしがあつめた石の図かん
石野光
図鑑のページの順番は
なにかのルールにしたがってならべる方が図鑑らしくなるよ
私は大きさ別にしようかなら
ぼくは見つけた順!!
（小学２年生のKくんの図鑑）
スケッチや見つけたときのきもちを書くなど
自分だけのオリジナル図鑑をつくってみてね
私たちなんだか石博士になった気分！
これからもどんどん研究するぞー！
オー!!

おわりに

こどもというのは本当に石が大好きじゃないですか？

わが家でもこどもたちが「なんの変哲もない石」を大量にもち帰っては、私があとでこっそり捨てる、という光景がくり返されてきました。少し大きくなって「きれいな石」に心惹かれるようになった長女と私の心を捉えた一冊が、柴山先生の『ひとりで探せる川原や海辺のきれいな石の図鑑』でした。今回、その憧れの柴山先生と一緒に石の図鑑のこども版をつくれたことは、光栄の至りというほかありません。

真冬の室生川での石探し取材には小学2年の長女とそのお友達のYちゃんを同行しましたが、「寒いし途中で飽きないかな？」という親の心配をよそに2人は石探しに夢中になり、いつまでも帰りたがらなかったほどです。まだ「採集の喜び」にすぎず「学問」ではありませんが、いつか地学に触れたときに、楽しかった思い出と結びつくことでもあれば、ネタ振りとして上々ではないかなと思っています。読者の皆様にも親子で楽しんでいただけたなら幸いです。

最後になりましたが、胸を貸してくださった柴山元彦先生、怒涛の制作日程にも関わらずこんなにも素敵な本に仕上げてくださったundersonの堀口努さん、そしてこの素晴らしい企画をご提案くださった創元社の小野紗也香さんに、心よりお礼申し上げます。

―――――― 井上ミノル

参考図書・Webサイト

「鉱物と宝石の魅力」松原聰・宮脇律郎（著）　ソフトバンククリエイティブ　2007年

「鉱物ウォーキングガイド」松原聰（著）　丸善　2005年

「鉱物ウォーキングガイド全国版」松原聰（著）　丸善　2010年

「鉱物ハンティングガイド」松原聰（著）　丸善　2014年

「日本の鉱物」松原聰（著）　学習研究社　2003年

「ポケット図鑑日本の鉱物」益富地学会館（監修）　成美堂出版　1994年

「鉱物鑑定図鑑」益富地学会館（監修）　白川書院　2014年

「地球の宝探し」日本鉱物倶楽部（編）　海越出版社　1995年

「鉱物分類図鑑」青木正博（著）　誠文堂新光社　2011年

「世界の砂図鑑」須藤定久（著）　誠文堂新光社　2014年

「宝石探し」大阪地域地学研究会（編）　東方出版　1998年

「宝石探しII」大阪地域地学研究会（編）　東方出版　2004年

「天然石探し」自然環境研究オフィス（著）　東方出版　2012年

「鉱物採集フィールド・ガイド」草下英明（著）　草思社　1982年

「楽しい鉱物図鑑」堀秀道（著）　草思社　1992年

「楽しい鉱物図鑑②」堀秀道（著）　草思社　1997年

「川原の石ころ図鑑」渡辺一夫（著）　ポプラ社　2002年

「海辺の石ころ図鑑」渡辺一夫（著）　ポプラ社　2005年

「石ころ採集ウォーキングガイド」渡辺一夫（著）　誠文堂新光社　2012年

「日本の石ころ標本箱」渡辺一夫（著）　誠文堂新光社　2013年

「週末は『婦唱夫随』の宝探し」辰夫良二・くみ子（著）　築地書館　2006年

ムック「鉱山をゆく」　イカロス出版　2012年

「美しい鉱物と宝石の事典」キンバリー・テイト（著）　創元社　2014年

「プロが教える鉱物・宝石のすべてがわかる本」下林典正・石橋隆（監修）　ナツメ社　2014年

「世界一楽しい 遊べる鉱物図鑑」さとうかよこ（著）　東京書店　2016年

「鉱物肉眼鑑定事典」松原聰（著）　秀和システム　2017年

「電子国土Web」国土地理院　http://maps.gsi.go.jp/

柴山 元彦　しばやまもとひこ

自然環境研究オフィス代表、理学博士。NPO 法人「地盤・地下水環境ＮＥＴ」理事。大阪市立大学、同志社大学非常勤講師。
1945年大阪市生まれ。大阪市立大学大学院博士課程修了。38年間高校で地学を教え、大阪教育大学附属高等学校副校長も務める。定年後、地学の普及のため「自然環境研究オフィス（NPO）」を開設。近年は、カルチャーセンターなどで地学関係の講座を開講。
著書に『ひとりで探せる川原や海辺のきれいな石の図鑑』1・2、『宮沢賢治の地学教室』（いずれも創元社）、共著に『自然災害から人命を守るための防災教育マニュアル』（創元社）などがある。

井上ミノル　いのうえみのる

イラストレーター＆ライター。
1974年神戸市生まれ。甲南大学文学部卒。広告代理店などを経て、2000年にイラストレーターとしてデビュー。生来の国文好きを生かして、2013年にコミックエッセイ『もしも紫式部が大企業のOL だったなら』を刊行、続いて『ダメダンナ図鑑』『もしも真田幸村が中小企業の社長だったなら』『もしも坂本龍馬がヤンキー高校の転校生だったなら』（いずれも創元社）を上梓する。平安好き、歴史好き、生き物好き、酒好きの二女の母。

こどもが探せる川原や海辺の
きれいな石の図鑑

2018年8月10日　第1版第1刷　発行
2021年6月10日　第1版第5刷　発行

著　者　柴山元彦 ＋ 井上ミノル
発行者　矢部敬一
発行所　株式会社　創元社
https://www.sogensha.co.jp/
本　　社　〒541-0047　大阪市中央区淡路町 4-3-6
Tel. 06-6231-9010（代）　Fax. 06-6233-3111
東京支店　〒101-0051　東京都千代田区神田神保町 1-2 田辺ビル
Tel. 03-6811-0662

デザイン　堀口努 (underson)
印刷所　図書印刷株式会社

ISBN978-4-422-44015-6 C0044　NDC459